ZEITSCHRIFT FÜR ANGEWANDTE GEOLOGIE

HERAUSGEGEBEN VON
DER STAATLICHEN GEOLOGISCHEN KOMMISSION
UND DER ZENTRALEN VORRATSKOMMISSION
DER DEUTSCHEN DEMOKRATISCHEN REPUBLIK

AUS DEM INHALT

AKADEMIE-VERLAG · BERLIN

BAND 7 / HEFT 1
JANUAR 1961
SEITE 1—56

	INHALT	СОДЕРЖАНИЕ	CONTENTS	
	Geologische Erkundung im Siebenjahrplan der Deutschen Demokratischen Republik	Геологическая разведка в семилетнем плане ГДР	Geological Reconnaissance within the Seven-Year Plan of the German Democratic Republic	1
A. N. SNARSKY	Verteilung von Erdgas, Erdöl und Wasser im Profil	Распределение газа, нефти и воды по разрезу	Distribution of Natural Gas, Petroleum and Water in the Profile	2
W. F. NIKONOW	Über schwere Kohlenwasserstoffe in den Gasen des Westteiles der Westsibirischen Tiefebene	О тяжелых углеводородах в газах западной части Западно-Сибирской низменности	Heavy Hydrocarbons Found in Gases of the Western Part of the West Siberian Lowland	9
H. BOLDUAN, P. RICHTER & G. TISCHENDORF	Ergebnisse von Untersuchungsarbeiten auf Baryt im Gebiet vom Schneckenstein (Vogtland)	Результаты геологоразведочных работ на барит в районе Шнекенштейн /Фогтлянд]	Results of Exploration Works für Barite in the Schneckenstein Area of the Saxon Vogtland	11
A. S. SCHIROKOW & A. A. KOWALJOWA:	Metallometrische Untersuchungen für die geologische Erkundung	Металлометрические исследования геологической разведки	Application of Metallometric Investigations to Geological Reconnaissance	19
W. A. NEWSKI	Gesetzmäßigkeiten der Verteilung hydrothermaler Mineralisation in großen Brüchen und kleineren Bruchstörungen	О некоторых закономерностях размещения гидротермальной минерализации в крупных разломах и более мелких разрывных нарушениях	Some Regularities in the Distribution of Hydrothermal Mineralization in Large Fractures and Smaller Fracture Disturbances	24
M. S. BESSMERTNAJA, D. I. GORSHEWSKI & L. K. POSHARIZKAJA	Die Bedeutung der metasomatischen Überprägungen im Altai für die Prospektion	Поисковое значение околорудных изменений на Алтае	The Importance of Prospecting Metasomatic Over-Stampings in the Altai	25
P. HARTMANN	Zur Probenahme und Bemusterung im Kalibergbau	О взятии проб и опробовании в месторождениях калийных солей	Sampling and Testing in Potash Mining	27
H. SCHEFFLER	Der spezifische Erkundungsaufwand	Удельные затраты для поисков	The Specific Expenditure for Reconnaissance Works	31
S. KLÍR	Die Beobachtung von Wassermenge und -geschwindigkeit beim Versickern von Oberflächenwässern in Grubenbauen	Наблюдения над количеством и скоростью воды при просачивании поверхностных вод в горных выработках	Observation of the Amount and Velocity of Superficial Water Infiltration in Underground Mines	32
W. I. SKOK	Graphische Verfahren für die Profilkonstruktion	Графические приемы построения геологических разрезов	Graphic Methods for the Design of Geological Profiles	35
R. HOHL	Erfahrungen bei der Zusammenarbeit mit den örtlichen Organen der Staatsmacht	Опыты при сотрудничестве с местными органами государственной власти	Experiences Made in the Cooperation with the Local Organs of State Power	37
H. GRASSMANN, C. KAWELKE, E. WOHLMANN	Einige Bemerkungen zur Vereinheitlichung von chemischen Analysenverfahren	Некоторые замечания к унификации способов химического анализа	Some Observations on the Standardization of Chemical Methods of Analysis	40
K. DETTE	Metallogenetische Karten für die Deutsche Demokratische Republik	Металлогенические карты ГДР	Metallogenetic Maps for the German Democratic Republic	42
E. LANGE	Verstärkte Auswertung mineralischer Rohstoffe in der Sowjetunion	Усиленное использование минерального сырья в Советском Союзе	Increased Utilization of Mineral Raw Materials in the Soviet Union	44
N. A. BYCHOWER & A. F. OPALEW	Mineralrohstoffbasis der kapitalistischen Länder (Brennstoffe und Schwarzmetalle)	Базис минерального сырья капиталистических стран (Топливо и черные металлы)	The Mineral Raw Material Basis of the Capitalistic Countries (Fuel-Energetic Raw Materials and Ferrous Metals)	45

Die ZEITSCHRIFT FÜR ANGEWANDTE GEOLOGIE berichtet ständig ausführlich über folgende Arbeitsgebiete: Geologische Grundlagenforschung und Lagerstättenforschung / Methodik der geologischen Erkundung / Ökonomie und Planung der geologischen Erkundung / Technik der geologischen Erkundung / Geologie und Lagerstättenkunde im Ausland / Bibliographie, Verordnungen, Richtlinien, Konferenzen, Personalnachrichten

Die ZEITSCHRIFT FÜR ANGEWANDTE GEOLOGIE ist kein Organ einer engen Fachgruppe. Auf ihren Seiten können alle strittigen Fragen der praktischen Geologie behandelt werden. Die Autoren übernehmen für ihre Aufsätze die übliche Verantwortung.

ZEITSCHRIFT FÜR ANGEWANDTE GEOLOGIE

CHEFREDAKTEUR: PROF. DR. E. LANGE

BAND 7 · JANUAR 1961 · HEFT 1

Geologische Erkundung im Siebenjahrplan der Deutschen Demokratischen Republik

Minister KURT GREGOR, Erster Stellvertreter des Vorsitzenden der Staatlichen Plankommission der Deutschen Demokratischen Republik, hat auf seiner Rede zur Eröffnung des XII. Berg- und Hüttenmännischen Tages am 8. 6. 1960 in Freiberg unter anderem die Ziele der geologischen Erkundungsarbeiten besonders betont. Seine richtungweisenden Ausführungen zeigten, daß sich unser Arbeiter-und-Bauern-Staat die Aufgabe gestellt hat, die Versäumnisse der imperialistischen Ära aufzuholen und den geologischen Aufbau unseres Landes endgültig zu erkunden, um konkrete Kenntnisse und Anhaltspunkte über die Verbreitung und die Vorräte an Bodenschätzen zu erhalten. Hierfür werden im Siebenjahrplan 2 Mrd. DM aufgewendet.

Im Jahre 1965 sollen 1 Mill. t Erdöl und 200 Mill. m³ Erdgas gefördert werden. Bei der Feststellung neuer Vorräte an Kalisalzen wird vor allem die Erkundung von Hartsalz forciert, da die Verarbeitung des in größeren Mengen auftretenden Carnallits mit dem Anfall großer Mengen schwer zu beseitigender Endlaugen verbunden ist. Die Kalisalzerkundung wird auch auf den Norden der Deutschen Demokratischen Republik ausgedehnt worden. Eine außerordentlich bedeutende Rolle weist der Minister der Vergrößerung unserer eigenen Eisenerzbasis zu. Unsere geologische Erkundung wird sich weiter auf Kupfer-, Blei- und Zinkerze mit deren Begleitelementen wie Silber, Gold, Platin, Molybdän, Selen, Germanium, Indium und Gallium erstrecken. Erkundet werden weiter Zirkon-, Wolfram-, Nickel- und Zinnlagerstätten. Im Verlauf des Siebenjahrplans wird die Jahresförderung des Kupferbergbaus um rd. 300000 t Erz erweitert, wobei sich der Schwerpunkt in das Sangerhäuser Revier verlagert. Daneben werden Such- und Vorerkundungsarbeiten auf Kupferschiefer in Südbrandenburg und der Lausitz durchgeführt.

Damit die Erkundungsarbeiten wissenschaftlich begründet weitergeführt werden können, sind in kürzester Zeit Prognosekarten für die wichtigsten Minerale zu schaffen. Um den Ausbildungsstand zu heben, müssen die Geologen, Geophysiker und Bohrtechniker im Abstand von einigen Jahren von der Bergakademie Freiberg in Kursen zusammengefaßt werden, damit sie die neuesten theoretischen und praktischen Ergebnisse der geologischen Erkundungsmethoden vermittelt erhalten.

Der wichtigste Primärenergieträger der Deutschen Demokratischen Republik ist und bleibt auf lange Zeit die Braunkohle. Es ist vorgesehen, im Siebenjahrplan 60% der Rohkohlenförderung in Elektroenergie umzuwandeln. Die Förderung an Rohbraunkohle wird auf 278 Mill. t ansteigen, was eine Erhöhung um 30% gegenüber 1958 bedeutet. Im Verlauf des Siebenjahrplans werden 16 neue Tagebaue aufgeschlossen werden. Das Verhältnis von Abraum zu Kohle wird 1965 im Durchschnitt bei 3,3:1 liegen. Für die Gasproduktion ist eine Verdoppelung vorgesehen. Der weitaus größte Teil dieses Zuwachses wird durch die Ferngaserzeugungsanlage im neu errichteten Kombinat „Schwarze Pumpe“ gesichert. Braunkohlenbriketts werden in zunehmendem Maße für die Gaserzeugung verwendet. 1965 können 100000 neue Wohnungen mit Gas beheizt werden. Beim Abbohren der Kohlenfelder werden systematische Untersuchungen zur Feststellung der verschiedenen Kohlearten unter besonderer Berücksichtigung der Kokskohle und der Salzkohle notwendig. Exakte wissenschaftliche Grundlagen über die Bodenmechanik sind zu schaffen, um Rutschungen in den Tagebauen weitgehend zu vermeiden.

Der Minister schloß seine Rede mit den Worten: „Unser Plan ist die Grundlage für soziale Sicherheit, Wohlstand und Glück des Volkes. Bergbau und Hüttenindustrie stehen in diesem Plan an vorderster Stelle.“

Die geologische Erkundung und ihre Ergebnisse aber müssen die Voraussetzungen für die mineralische Rohstoffbasis, auf der sich diese fortschreitende Industrialisierung planmäßig vollziehen kann, schaffen. Das erfordert unsere ganze Energie und den weiteren Ausbau kollektiver Arbeits- und Forschungsmethoden zur Intensivierung des sozialistischen Aufbaus.

Verteilung von Erdgas, Erdöl und Wasser im Profil

A. N. SNARSKY, UdSSR, z. Z. Freiberg (Sa.)

Die meisten Erdöl- und Erdgaslagerstätten sind mehrschichtig, und die Mächtigkeit der fündigen Pakete der erdöl- und erdgasführenden Gesteine kann bis zu einigen Kilometern betragen.

In vielen erdöl- und erdgasführenden Provinzen wird das erforschte Stockwerk der Erdölführung durch die technisch erreichbare Teufe und nicht durch den tatsächlichen Ausdehnungsbereich der Erdölführung nach der Tiefe zu bestimmt. Solange durch Bohrungen keine metamorphen und kristallinen Gesteine des Sockels angetroffen worden sind, kann die Erkundung nach der Tiefe nicht als abgeschlossen betrachtet werden.

Innerhalb des mit Erdöl getränkten Profilteils sind immer wasserführende Schichten anzutreffen. Mitunter trifft man auch auf Schichten, die nur Gas enthalten. Dabei stellt man jedesmal fest, daß weder die Verteilung der Erdölsättigung im Profil noch die seitliche Ausdehnung gesetzmäßig ist. Das Fehlen der Gesetzmäßigkeit ist aber nur scheinbar, und in den meisten Fällen lassen sich die Ursachen dieser eigenartigen Verteilung von Gas, Erdöl und Wasser feststellen. Vgl. die Arbeiten von I. O. BROD, I. W. WYSSOZKI, I. M. GUBKIN, D. W. SHABREW, A. J. KREMS, S. P. MAKSIMOW, K. A. MASCHKOWITSCH, W. S. MELIK-PASCHAJEW, M. F. MIRTSCHINK u. a. sowie auch Arbeiten nichtsowjetischer Geologen.

Wenn man die Meinung, daß sich die vorhandenen Erdöllager sekundär gebildet haben, anerkennt, dann erkennt man zwangsläufig auch die Bildung von Erdöl- und Erdgaslagern durch Migration an. Wie und unter welchen Bedingungen sich das Erdöl auch gebildet haben mag, es sind stets nur zwei Richtungen seiner Migration in die Fallen möglich: die horizontale und die vertikale Wanderung. Dabei ist für Verf. der Terminus Richtung sehr umfassend. Durch viele Erscheinungen wird das Auftreten beider Arten der Migration bestätigt. Aber nicht nur die Migrationsrichtung und das Vorhandensein bestimmter Phasen der Erdöl- und Gassättigung, sondern alle Faktoren, die im ersten Teil der Arbeit (s. Z. angew. Geol., Jg. 6/1960, H. 10) aufgezählt wurden, bestimmen die Ungleichmäßigkeit der Verteilung von Gas, Erdöl und Wasser.

Einfluß der Migrationsrichtung

Wenn Erdöl und Gas aus den Erdölmuttergesteinen in die porösen und durchlässigen Schichten migrieren, können sie sich in Abhängigkeit vom geologischen Bau, unter Wirkung der Schwerkraft oder infolge Fortreißens durch Wasserströme dorthin verlagern, wo der geringste Widerstand herrscht. Hauptwege der Migration sind poröse und durchlässige Schichten sowie Flächen disjunktiver Dislokationen. Die Migrationswege, die unbedingt der Abnahme des hydraulischen Widerstandes folgen, bleiben nicht unveränderlich. Daß sich Erdöl, Gas und Wasser durch die porösen und durchlässigen Schichten bewegen, ist sicher, fraglich ist lediglich der Umfang einer solchen Migration.

So kann man z. B., wenn man die Bildung von Erdölmuttergesteinen innerhalb der Russischen Tafel ablehnt, das Auftreten von Erdöllagern in diesem Gebiet nur durch Migration des Erdöls aus den angrenzenden Vortiefen der Gebirge deuten. Indirekt wird eine solche Möglichkeit der Migration über große Entfernungen, z. B. durch die Wanderung unterirdischer Wässer vom Ural zur Wolga, bestätigt. Die Möglichkeit einer Erdölmigration auf so weite Entfernungen konnte aber bisher noch nicht bewiesen werden. Dem Wasser stellen sich auf seinem Wege Fallen in sehr großer Anzahl und sehr abwechslungsreicher Ausbildung sowie zahlreiche disjunktive Dislokationen entgegen. Das Erdöl hätte dabei keinesfalls von der Uralvorsenke bis zum Bereich der Wolga vordringen können, während das Wasser die Fallen umfließen kann. Dies wird an zahlreichen Beispielen der Verteilung von Erdöl und Wasser in Faltungsgebieten sichtbar.

Da sich Wasser und Erdöl sehr unterschiedlich verhalten und alle anderen Faktoren der Migration nur lokale Bedeutung haben, muß die Ansicht einer Erdölmigration über Hunderte von Kilometern unter den Verhältnissen der Russischen Tafel zurückgewiesen werden.

Dagegen wird die vertikale Migration an Flächen disjunktiver Dislokationen gegenwärtig allgemein anerkannt, und es erübrigt sich, Beispiele für die Begründung dieser Vorstellung anzuführen. In zahlreichen Arbeiten wurde vom Verf. (1940, 1951, 1959) über die Ursachen der Fähigkeit des Erdöls, Gases und Wassers, an Flächen disjunktiver Dislokationen zu wandern, eine neue Theorie aufgestellt.

Wenn Klüfte vorhanden sind, ist die Möglichkeit der Wanderung von Erdöl, Gas und Wasser verständlich. Ebenso kann man eine Bewegung von Erdöl, Gas und Wasser an Bruchflächen, an Verwerfungen oder anderen tektonischen Störungen anerkennen. Gerade an solche Störungen ist am häufigsten der Austritt von flüssigen und gasförmigen Kohlenwasserstoffen an die Tagesoberfläche gebunden. Aber eine Wanderung an Flächen disjunktiver Dislokationen ist auch dann möglich, wenn diese Flächen gegenwärtig geschlossen sind.

Die Hauptwege der Erdöl- und Gasmigration sind poröse und durchlässige Schichten und Spalten disjunktiver Dislokationen, die unter bestimmten Verhältnissen „klaffen“ können und dann dem Erdöl und Gas leichte Wanderwege bieten. Die Erdöl- und Gasmigration findet bei Überdrücken statt, und nur damit ist die Erdölsättigung vieler Schichten innerhalb der Erdöllagerstätten zu erklären. Man darf die Migration unter Überdruck nicht als eine besondere Erscheinung ansehen, die nur den Erdöl- und Gaslagerstätten eigentümlich ist. Auch die Bildung von Vererzungen usw. ist nur beim Vorhandensein von Überdrücken möglich.

Damit das an den Hohlräumen der Störungen migrierende Erdöl und Gas nicht an die Tagesoberfläche austritt, sondern Lagerstätten bildet, müssen folgende Fälle auftreten:

1. Das Lager bildet sich in Ablagerungen, die von nicht durch Verwerfungen gestörten Schichten diskordant überdeckt werden (dies bedarf keiner besonderen Erläuterung).
2. Die disjunktiven Dislokationen erreichen die Erdoberfläche (Abb. 1).

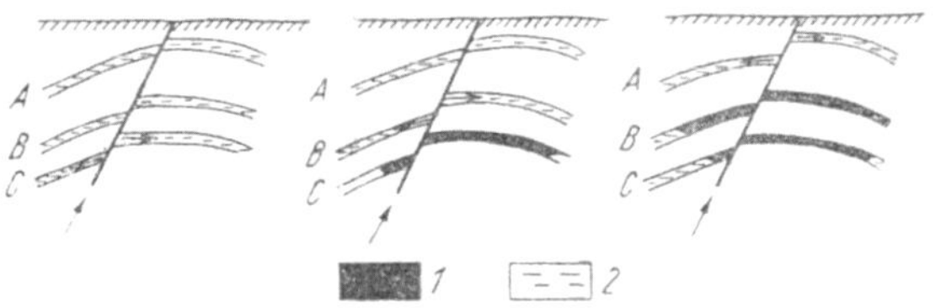

Abb. 1. Schema einer aufeinanderfolgenden Sättigung der Schichten mit Erdöl

1 – Erdöl; 2 – Wasser

Nehmen wir an, daß die Schichten A, B und C die gleichen Speichergesteinseigenschaften besitzen. Das migrierende Erdöl und Gas dringt unter dem Überdruck in die Hohlräume der Brüche ein. Wenn es die Schicht C erreicht hat, die einen geringeren hydraulischen Widerstand als die Hohlräume der Brüche bietet, wird die Speisung der Schicht so lange stattfinden, bis sich die hydraulischen Bewegungswiderstände in der Schicht C und in der Verwerfungsfläche ausgeglichen haben und einander gleich sind. Unter diesen Verhältnissen werden das Erdöl und Gas in Richtung des geringsten Widerstandes migrieren, und wenn es die Schicht B erreicht hat, wird auch dort die Speisung beginnen usw. Im Endstadium kommt es zu Erdöl- und Gasaustritten an die Tagesoberfläche. Somit ist die Bildung derartiger Erdöl- oder Gaslager als Folge des Kräfteausgleichs zwischen der Bewegung der Medien und dem Widerstand zu betrachten.

Erdöl- und Gaslager, die höhere Drücke als den normalen hydrostatischen Druck aufweisen, sind entweder als junge Lager oder als auch noch gegenwärtig unter erhöhtem Druck stehend zu betrachten. Zeigen Erdöl- und Gaslager Drücke, die dem normalen hydrostatischen Druck gleichen oder geringer sind, so ist anzunehmen, daß die Lager in die Phase ihrer Zerstörung eintreten.

Der Migrationsprozeß

Wie geht der Migrationsprozeß vor sich? Ist es ein kontinuierlicher Vorgang, oder tritt er plötzlich auf? Wahrscheinlich treten der Druckanstieg und die Erdöl- und Gasakkumulation gleichzeitig miteinander auf. Wenn der Druck über den kritischen Druck angestiegen ist, der zur Öffnung der Klüfte führt, so erfolgt eine rasche Wanderung des Erdöls und Gases und eine schnelle Erdölsättigung. Die Öffnung der Klüfte wird stark von den gebirgsbildenden Bewegungen beeinflußt. Dadurch wird es möglich, daß viele Forscher einen zeitlichen Zusammenhang zwischen der Bildung von Lagern und den Faltungsphasen sehen.

So ist die Erdölsättigung der Speichergesteinsschichten in den meisten Fällen ein mehrphasiger Vorgang. Es können eine mehrfache Erdöl- und Gasanhäufung, eine wiederholte Druckerhöhung, eine mehrfache Störung der Gesteine, eine Neuverteilung des Druckes, des Erdöls und des Gases stattfinden. Da diese Vorgänge die Tektonik beeinflussen können, sind die Hauptphasen der Erdölsättigung mit den tektonischen Phasen verbunden.

Ein indirekter Zeuge einer solchen Erdölsättigung ist die erhöhte Mineralisation der Schichtwässer. Bekanntlich ist die Mineralisation der Schichtwässer innerhalb eines Erdöllagers und der das Lager umfließenden Wässer höher als die Mineralisation der Wässer, die dem synklinalen Teil dieser Schichten eingelagert sind. In der Schwereverteilung der Wässer tritt eine paradoxe Erscheinung auf. Die stärker mineralisierten und schwereren Wässer sind höher und die weniger mineralisierten und leichteren Wässer tiefer gelagert. Diese Erscheinung ist nur dann zu erklären, wenn die erhöhte Mineralisation des Wassers mit den Vorgängen der Lagerbildung zusammen betrachtet wird. Bei der Migration von Erdöl und Gas reißt das Gas die Wassermoleküle mit sich, was zur Zunahme der Mineralisation des Wassers innerhalb des Lagers führt. Die Mischung des dem Lager benachbarten Wassers geht sehr langsam vor sich, da sie von der Diffusion und nicht von der Gravitation abhängt.

Bei einer vertikalen Erdölmigration in Kluftsystemen muß die Erdöl- und Gasverteilung dem Schwereprinzip folgen. Aber das Gas lagert nicht nur, weil es leichter als Erdöl ist, höher als dieses, sondern auch, weil es eine geringere Viskosität besitzt und fähig ist, auch unter solchen Verhältnissen zu migrieren, unter denen die Migration des Erdöls infolge der hydraulischen Widerstände ausgeschlossen ist.

Eines der bekanntesten Beispiele, die die vertikale Migration bestätigen, ist die Erdölverteilung in Surachany auf der Apscheron-Halbinsel.

Die Betonung der vertikalen Migration von Erdöl und Gas bedeutet nicht, daß alle Lagerstätten an tiefe Bruchlinien gebunden sein müssen, deren Wurzeln bis in die Erdölmuttergesteine hinabreichen. Der Weg, auf dem sich Erdöl und Gas von den Erdölmuttergesteinen zu der Falle bewegten, in der das Erdöl- und Gaslager gebildet wurde, ist kompliziert und wahrscheinlich nicht immer an vertikale Migration gebunden.

Bei der Feststellung der Bildungsvorgänge von Erdöl- und Gaslagern versucht man fast immer, eine Erdölmuttergesteinsfolge zu finden, die stratigraphisch älter ist als die Schicht, in der die Falle in dieser oder jener Form auftritt. Die Muttergesteinsschichten, die in regionalem Maßstab ausgedehnte Linsen darstellen, gehen aber in den weitaus meisten Fällen unvermeidlich in Fazies über, die sich von jenen unterscheiden, in denen die Speichergesteine und Fallen vorliegen. So besitzt z. B. die Kirmakinsker Suite der Apscheron-Halbinsel schon innerhalb der Lager selbst typische Züge einer Erdölmuttergesteinsfolge. Die Erdöl- und Gaslager in der Kirmakinsker Suite sind an lokale Erhebungen gebunden. In den synklinalen Teilen ist die Mächtigkeit der Suite bedeutend größer. Für die Erdöllager des unteren Abschnitts der produktiven Schichtenfolge der Apscheron-Halbinsel erübrigt es sich, irgendwelche besonderen Erdölmuttergesteinsfolgen zu suchen. Wenn das Erdöl aus den tonigen Gesteinen herausgepreßt wird und in die durchlässigeren Schichten eindringt, bewegt es sich in Richtung des abnehmenden Druckes.

Mit Hilfe der physikalisch-chemischen und geologischen Faktoren, die eine Erdölwanderung hervorrufen, ist die primäre Migration nicht zu erklären, da Größe und Umfang der Migration den Hauptforderungen, d. h. die Bildung wirtschaftlicher Anhäufungen von Erdöl und Gas zu erläutern, nicht immer gerecht werden können. Die Migration darf nicht losgelöst von der allgemeinen geologischen Entwicklung betrachtet werden, und als solche erscheint in erster Linie die diagenetische Veränderung der Sedimentgesteine. Alle klastischen Gesteine verdichten sich unter Druck, und dabei nimmt ihre Porosität unter Volumenverringerung ab. Wenn sich Tone verdichten, wird der Poreninhalt allmählich verdrängt und infolgedessen nimmt die Porosität ab.

Die Verdrängung der flüssigen und gasförmigen Einschlüsse aus den Erdölmuttergesteinen hält so lange an, bis nur die durch Molekularbindungskräfte mit dem Gestein verbundene Menge übrigbleibt. Das adsorbierte Wasser ist mit dem Gestein so fest verbunden, daß es als beständige Hülle der Gesteinsteilchen betrachtet werden kann, die nur durch erhöhte Temperatur und durch diffuse Erdöltropfen und Gasbläschen zu beseitigen ist. Bei der Gesteinsverdichtung wird in erster Linie das Wasser abgeschieden, was auf die Phasenpermeabilität für Wasser und Erdöl zurückzuführen ist. Das Erdöl bleibt so lange im Gestein, bis ein solches Mengenverhältnis von Wasser und Erdöl eintritt, daß ein Auspressen von beiden möglich ist. In der letzten Entwicklungsstufe bleiben im Gestein das gebundene Wasser sowie eine gewisse Menge von Erdöl- und Wassertröpfchen und Gasbläschen zurück, die sich im Gestein zerstreut haben. Jedoch werden diese Tropfen aus den feinen Poren herausgepreßt und gehen in die größeren über.

Bei der Verdichtung ändert sich das Volumen der verschiedenen Gesteine in unterschiedlichem Maße, was durch zahlreiche Ursachen — besonders durch die Größe der das Gestein zusammensetzenden Teilchen — bedingt ist. Sandige Gesteine verändern sich z. B. im Volumen weniger als Tone.

Bei der Verdichtung von Tonen wird der Inhalt der Poren herausgepreßt und geht in die Gesteine über, die größere Durchlässigkeit und geringeren inneren Porendruck haben. Das können beliebige Sedimente, mit Ausnahme von tonigen Gesteinen, sein.

Dieses Herauspressen des Poreninhalts aus den tonigen Gesteinen bildet die Grundlage für die Behauptung, daß der innere Porendruck größer als der Schichtdruck in Sanden ist. Ist der Schichtdruck in Sanden meistens gleich dem normalen hydrostatischen Druck, so wird der innere Porendruck in tonigen Gesteinen im Wert dem Gebirgsdruck nahe sein, der den hydrostatischen Druck bedeutend übertrifft. Der innere Porendruck aber nähert sich mit der Verdichtung der Tone, mit Abnahme der Porosität und mit Verringerung des Durchmessers der Porenkapillaren dem Gebirgsdruck immer mehr.

Die Gesteine besitzen eine gewisse Elastizität. Wenn das Gestein verdichtet wird und es nicht zu einem Herauspressen von Wasser und Erdöl aus den Poren kommt, wird der flüssige und gasförmige Inhalt verlagert und es bilden sich große, mit Gas, Erdöl und freiem Wasser gefüllte Poren. Überschreitet dabei der innere Porendruck die Grenze der Elastizität des Gesteins, so wird es zum Brechen des Gesteins und zur Bildung von Klüften in Richtung derjenigen Gesteinsschichten kommen, die einen geringeren inneren Porendruck aufweisen. Wenn die Grenze der Elastizität erreicht ist, können sich in beliebigen Gesteinen Klüfte bilden, unter anderem auch in Gesteinen, die zu den Erdölmuttergesteinen gehören.

Wie die Praxis der künstlichen schichtweisen Sprengung der Gesteine, die unter der Benennung „Hydrofrac" bekannt ist, zeigt, übertrifft der Druck, bei dem die schichtweise Sprengung stattfindet, den hydrostatischen Druck um mehr als das Hundertfache. Aller Wahrscheinlichkeit nach bedarf es zur Bildung von Klüften im tonigen Gestein eines Druckes, der höher liegt als die angeführten Werte. Die undurchlässigen Gesteine werden unter bestimmten Verhältnissen infolge des natürlichen „Frac" durchlässig. Die sich bildenden Klüfte sind auch die Wege, durch die sich das Erdöl aus dem Erdölmuttergestein in die poröseren und durchlässigeren Schichten verlagert. Da man auch in den dichteren Gesteinen unter dem Mikroskop Mikroklüfte beobachten kann, die durch Mineralbildung bedingt sind, wird diese Folgerung bestätigt. Die Ausmaße der Mikroklüfte übertreffen die der größten Kohlenwasserstoffmoleküle um mehr als das Hundertfache.

Es migrieren nicht nur die leichten Kohlenwasserstoffe, die einfacher aufgebaut sind, sondern auch die schweren, schon deshalb, weil auf den Klüften die Bewegung der Lösungen stattfindet. Aus den in den Mikroklüften fließenden Lösungen werden Mineralien ausgefällt, die diese Mikroklüfte dann schließen.

Subkapillare Poren stellen unter gewissen physikalischen Verhältnissen keine Migrationswege dar, vor allem bei Druckgradienten, wie sie in erdölführenden Schichten auftreten; bei größerem Druckabfall lassen sie aber Erdöl und Gas durch.

Nach W. A. SOKOLOW (1956) stellt das Erdöl in 2 km Tiefe bei normaler geothermischer Tiefenstufe eine unpolare Flüssigkeit dar. In großen Teufen nähern sich die hydrodynamischen Eigenschaften von Erdöl, Gas und Wasser stark, und bei Drücken, die sich der Größe des Gebirgsdrucks nähern, migrieren die dispersen Erdöltropfen und Gasbläschen in Richtung der geringeren Drücke. Obgleich die Teilchen, aus denen sich die Erdölmuttergesteine zusammensetzen, nicht allzugroß sind (7—0,001 μ), übertrifft die Größe der die Poren verbindenden Öffnungen immerhin die Größe der Kohlenwasserstoffmoleküle, wodurch die Migration nicht nur zu den Mikroklüften, sondern auch in den normalen Poren möglich wird. Wenn die Migration des Methans zwischen den Kristallgittern der das Gestein bildenden Minerale möglich ist, wie einige Forscher annehmen, dann muß auch die Migration durch Mikroporen möglich sein.

Bei der Gesteinsverdichtung, die mit dem Absinken in die Tiefe und mit den gebirgsbildenden Kräften verbunden ist, findet eine allmähliche Abnahme des Porenvolumens statt. Berücksichtigt man die Phasenpermeabilität für Wasser und Erdöl in den früheren Entwicklungsstufen der Gesteinsverdichtung, so wird zunächst nur das Wasser herausgepreßt werden, was zur Erhöhung des Anteils an Kohlenwasserstoffen führt. In einer bestimmten Entwicklungsstufe der Gesteinsverdichtung wird bei entsprechenden Mengenverhältnissen von Wasser und Erdöl in den Mikroporen sowohl Erdöl als auch Wasser herausgepreßt. Zuletzt wird aus dem Erdölmuttergestein nur Erdöl herausgepreßt. Die Migration des Erdöls aus dem Erdölmuttergestein ist als kontinuierlicher Vorgang zu betrachten. Dieser wird dadurch bedingt, daß der innere Porendruck so weit ansteigen muß, bis er fähig ist, die Zerklüftung des Gesteins herbeizuführen und Mikroklüfte zu schaffen, die die Stellen der Anhäufung von Erdöl- und Wassertropfen mit den porösen und durchlässigen Gesteinen, in denen ein geringer Druck herrscht, verbinden.

In der Endstufe der Entwicklung bleiben im Erdölmuttergestein hauptsächlich nur jene organischen Bildungen zurück, die infolge der durch das molekulare Gefüge hervorgerufenen mechanischen Eigenschaften nicht über größere Entfernungen migrieren können. Es sind Kohlenwasserstoffbildungen, die mit dem Erdöl genetisch verwandt sind, aber ihm in ihrer strukturellen Form nicht gleichen. Die Herauspressung und die Bewegung von viel höher viskosen festen Stoffen, z. B. Kohlen, Steinsalz usw., kann die Möglichkeit eines Herauspressens des Erdöls aus den Erdölmuttergesteinen bestätigen. Unter der Einwirkung tektonischer Vorgänge wird Steinsalz usw. herausgepreßt. Da die Verdichtung der Gesteine nicht allein mit der Zunahme der Teufe, sondern auch mit den gebirgsbildenden Kräften verbunden ist, muß eine Abhängigkeit zwischen der primären Migration und den orogenetischen Prozessen bestehen.

Kann die vorgeschlagene Theorie der primären Migration auch auf die Plattformverhältnisse ausgedehnt werden, bei denen einerseits unklar ist, welche Schichtenpakete zu den Erdölmuttergesteinen gehören, und bei denen andererseits zur Herausbildung einer natürlichen Klüftung der Erdölmuttergesteinsfolgen irgendein orogenetischer Faktor fehlt? Nach Meinung von A. B. RONOW wird ein Teil der Tone bei Plattformverhältnissen infolge der Verdichtung durch die Schwerkraft in verhältnismäßig geringen Teufen ausgequetscht, bei denen die durch das Gewicht der darüberliegenden Gesteine bedingte Verdichtung nicht ausreicht, um die molekularen Verbindungen zwischen Wasser und Gestein zu stören. Nimmt man diese Ansicht für Plattformverhältnisse als gesichert an, so muß man die Plastizität aller tonigen Schichtenpakete der Plattform anerkennen und folglich die Möglichkeit einer Kluftbildung in den Gesteinen ausschließen.

Indes wurde von vielen Forschern die Tatsache einer ausgedehnten Zerklüftung der Gesteine der Plattformen und die Zunahme der Zerklüftung mit zunehmender Teufe anerkannt. Dadurch besteht Grund zu der Annahme, daß man unter den Verhältnissen, sowohl der Faltungsgebiete als auch der Plattformen, die Ursachen der primären Migration von Erdöl und Gas deuten kann.

Folgendes ist zu beachten:

1. Durch die Verdichtung der Erdölmuttergesteine, die durch das Gewicht der darüberliegenden Schichten und durch tektonische Kräfte hervorgerufen wird, steigt der innere Porendruck so weit an, bis er größer als der hydrostatische Druck ist und die Fähigkeit zum Brechen des Gesteins und zur Bildung einer Reihe von Klüften erreicht wird. Dadurch verlagert sich ein Teil der diffus zerstreuten Erdöltropfen und Gasbläschen in die porösen und durchlässigen Schichten, in denen der Porendruck gleich dem hydrostatischen Druck ist.

2. Da die Verdichtung der Gesteine nicht nur mit der Zunahme der Lagerungsteufe, sondern auch mit der Tektonik verbunden ist, muß man eine Verbindung der primären Erdöl- und Gasmigration mit den orogenetischen Phasen anerkennen.

3. Die gravitationsmechanische Theorie der primären Migration läßt das Vorhandensein mehrerer Migrationsphasen zu.

4. Zur Erklärung des Migrationsmechanismus ist es nicht notwendig, die Annahme einer unbedingten Veränderung des physikalischen Zustandes des Erdöls, und zwar einer Überführung der flüssigen Kohlenwasserstoffe in gasförmige auf Kosten des im Gas und Wasser aufgelösten Erdöls, zu Hilfe zu nehmen. Allerdings kann unter gewissen physikalischen Verhältnissen eine solche Erscheinung eintreten, wodurch die primäre Migration erleichtert, aber das Wesen des Migrationsmechanismus nicht verändert wird.

Auf Grund verschiedener Tatsachen kann man annehmen, daß der Schichtdruck bei einer „horizontalen" Migration durch den hydrostatischen Druck und daß die Bewegung des Erdöls und des Gases zur Falle, vor allem in den Zonen erhöhter hydraulischer Widerstände, nicht so sehr durch den Unterschied der spezifischen Gewichte als vielmehr durch den Druckabfall hervorgerufen wird.

Wenn die Anhäufung von Gas und Erdöl nur durch die horizontale Migration in den Speichergesteinen zustande kommt und innerhalb der Erdöllagerstätte keine Neuverteilung der Fluide an Störungsflächen stattfindet, dann müssen sich die Grenzen der Erdölführung einer bestimmten Zone mit zunehmender Teufe ausdehnen, da die tieferliegenden Schichten in jenen Abschnitten, aus denen das Erdöl herausgepreßt wird, einem größeren Druck ausgesetzt sind.

Die meisten Forscher sind der Ansicht, daß sich Gas und Erdöl in ein und denselben Schichten gebildet haben. Es treten aber auch geologische Verhältnisse auf, bei denen sich nur Gas bilden kann.

Nachdem Verf. die Fragen des geologischen Baues und die Bildung von Erdöl- und Gaslagern auf der Apscheron-Halbinsel erforscht hatte, kam er 1936, ausgehend von einem gewissen Unterschied in der Zusammensetzung der Gase der Schlammvulkane und der Gas- und Erdöllager, zu folgender Schlußfolgerung hinsichtlich des Vorhandenseins zweier möglicher Quellen des Gases und ihrer unterschiedlichen Entstehung: Außer den Erdölmuttergesteinen, die Erdöl und Gas produzieren, kann es in gewissen Faltungsgebieten anscheinend Gasmuttergesteine geben, die vorwiegend Gas produzieren.

Unter den auf der Apscheron-Halbinsel und in ihren Grenzbezirken herrschenden Verhältnissen kann man als Gasmuttergesteine die organogenen Gesteine annehmen, die in Zonen mit verhältnismäßig hohen Temperaturen abgesunken waren. Ob das durch die bloße Versenkung der Schichtenpakete der Sedimentgesteine vor sich ging, was mit der Anhäufung einer mächtigen Schichtenfolge von sedimentären Bildungen zusammenfällt, oder durch die Intrusion von Magmenkörpern, was in den Vorgebirgen und durch Versenkung von großen Gebirgsteilen ebenfalls möglich ist, bleibt gleich. S. A. KOWALEWSKI schreibt die Entstehungsherde der Kohlenwasserstoffgase, sowohl für die transkaspischen wie auch für die transkaukasischen Lager, dem Mittleren und Unteren Jura zu und sieht sie in primären, bituminösen Ausgangsgesteinen (dem zoophytogenen Anteil der Jurasedimente).

Zahlreiche Untersuchungen bestätigten das gemeinsame Vorkommen von Gasen, die durch die Erhitzung der Gesteine erhalten wurden, und von Gasen aus Schlammvulkanen.

Der erhöhte Wasserstoffgehalt, z. T. auch der Gehalt an Schwefelwasserstoff und Kohlendioxyd, unterscheidet die Gase der Schlammvulkane von den normalen Gasen der Erdöllagerstätten. Das Tiefen-Kohlenwasserstoffgas, das sich in Zonen hoher Temperaturen gebildet hat, unterscheidet sich vom Erdölgas durch geringe Gehalte oder durch ein fast völliges Fehlen von schweren Kohlenwasserstoffen, die Verf. als primäres Gas bezeichnet hat. Nach W. J. WERNADSKI entspricht das primäre Gas dem Grundgas.

Während das primäre Gas aus den Tiefen emporsteigt, verändert sich mit der Veränderung der physikalischen Verhältnisse und den geochemischen Besonderheiten der

Schichtenfolgen, mit denen es auf seinem Wege in Kontakt kommt, seine Zusammensetzung[1]).

Die Bewegung des primären Gases vom Bildungsort bis zur Erdoberfläche findet in erster Linie an Schwächezonen statt. Solche Zonen sind die tektonischen Linien und besonders ihre Kreuzungen und die Schwächezonen der Erdkruste im allgemeinen, zu denen u. a. auch die Diapire gehören.

Da die Tektonik der einzelnen Schichtstockwerke nicht gleich ist, kann der Weg des Gases sehr kompliziert sein. Wenn das primäre Gas auf seinem Wege zerklüftete Gesteine antrifft, die sich für eine Speicherung eignen, wird es sich im Falle fehlender Verbindungen zur Erdoberfläche anhäufen. Unter den auf der Apscheron-Halbinsel herrschenden Verhältnissen können solche Gesteine z. B. speicherfähige Kreideablagerungen sein, die im allgemeinen von weniger speicherfähigen Gesteinen des Paläogen und Miozän überdeckt sind.

Abgesehen von einer langsamen und ununterbrochenen vertikalen Gasdiffusion, gibt es noch drei Arten der Gasbewegung:

1. Langsame Gasmigration in durchlässigen Schichten über große Strecken, dem Wege des geringsten Widerstandes folgend, jedoch oft behindert durch ungünstige tektonische Verhältnisse. Das Gas bewegt sich vertikal und seitlich.

2. Schneller Gasaustritt infolge eines Durchbruchs.

3. Austritt auf kürzerem Wege an Flächen von Störungen und Verwerfungen.

Migrierendes Gas, das auf seinem Wege Erdölmuttergesteine mit diffus zerstreuten Erdöltropfen und Gasbläschen antrifft, reichert sich mit schweren Kohlenwasserstoffen an und reißt die Erdöltropfen, als ob es sie gewissermaßen teilweise ausblase, in Form von

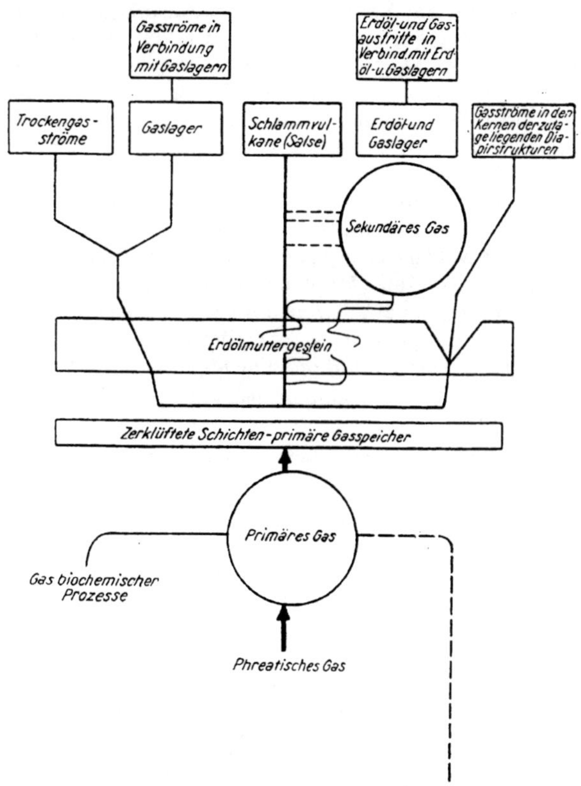

Abb. 2. Schema der Bildungsmöglichkeiten von Gaslagerstätten

Tab. 1. Spezifische Gewichte des Erdöls

Schichten	Kala	Erdölfelder Gruppe „Lenin“	Surachany	Kara-Tschuchur	Sych
B	–	–	0,790	–	–
C	–	–	–	–	–
C–D	0,825	–	0,820	–	–
D	0,839	–	–	–	–
I	–	–	0,830	–	–
II	0,863	0,860	0,850	0,8509[1])	–
II	0,863	–	–	0,8566[2])	–
III	–	–	–	0,8494[1])	–
II	0,872	0,860	0,849	0,8512[2])	–
IV	0,875	0,870	0,852	0,8450	–
IVa	0,873	0,880	0,853	–	–
IVb	0,873	0,880	0,856	0,8450	–
IVc	0,875	0,870	–	–	–
IVd	0,879	0,870	0,854	0,8443	–
IVe	0,873	0,870	–	0,8535	–
V	0,875	0,880	0,854[3])	0,8475	–
VI	0,879	0,890	0,873	0,8496	–
VII	–	0,910	0,878	0,8447	–
VIII	–	0,930	0,873[4])	0,8411	0,8212
IX	–	–	0,870	0,8523	0,8492
PKG	0,860	0,920	0,870	–	–
NKP	0,860	0,920	0,871	0,8506	0,9197

[1]) östliche Flanke, [2]) westliche Flanke. [3]) Va + Vb + Vc [4]) VIIIa

Filmen fort. Dieser Vorgang erinnert an eine Eruption mit sehr hohem Gasfaktor.

Ein mit schweren Kohlenwasserstoffen angereichertes Gas bezeichnet Verf. als sekundäres Gas. Dieses sekundäre Gas, das auf seinem Migrationsweg Fallen antrifft, bildet Erdöl- und Erdölgaslager. Die Fallen bilden für die sich konzentrierenden Ströme sekundären Gases gewissermaßen die Brennpunkte.

Bei der zweiten Art der Gasbewegung hält die Zunahme des Gasdrucks so lange an, bis dieser in seiner Gesamtheit und unter gewissen Erscheinungen (Besonderheiten der Widerstände, die das Gas zurückhalten; Aufweichung der Brekzie durch die atmosphärische Feuchtigkeit usw.) die Widerstände überwältigt und das Gas an die Atmosphäre durchbricht.

Das gestörte Gleichgewicht ruft unter der Wirkung der vertikalen Kräfte, die aus der Belastung durch die darüberliegenden Gesteine resultieren, ein Auspressen der Brekzie hervor. Die Vorgänge sind ähnlich wie beim Ausbruch echter Vulkane. Das über den Mechanismus des Ausbruchs der Schlammvulkane Gesagte bezieht sich lediglich auf die diapirischen Falten, die Schlammvulkane aufweisen. Nicht an diapirische Falten gebundene Schlammvulkane unterscheiden sich genetisch. Im betrachteten Fall bleibt dem primären Gas nicht die Zeit, sich mit schweren Kohlenwasserstoffen anzureichern, oder es enthält solche nur in unbedeutender Menge und ist seiner Zusammensetzung nach typisches primäres Gas. Erdölaustritte, die bei Ausbrüchen von Schlammvulkanen auftreten, sind gewöhnlich mit Wasseraustritten verbunden.

Im dritten Fall der Gasbewegung dringt das Gas auf den Störungszonen in die Fallen ein. Hierbei legt das Gas den kurzen Weg durch die Erdölmuttergesteine

[1]) Im Verlauf von vielen Jahren wurde von J. J. POTAPOW die Theorie der Gasveränderung auf dem Wege der Migration, d. h. die Theorie einer Bildung von Erdöl und Erdgas auf Kosten der unterirdischen Oxydation der Kohlenwasserstoffe während ihrer Migration zur Erdoberfläche, entwikkelt.

langsam zurück, häuft sich an und bildet Erdölgaslager. Das Gas ist trocken, aber in seiner Zusammensetzung vom Gas der Schlammvulkane etwas verschieden, da es nicht so schnell ausgetreten ist wie bei einem Vulkanausbruch. Somit haben sich auch diese Gaslager im Zusammenhang mit dem Auftreten von Störungen gebildet.

Auf der Apscheron-Halbinsel sind keine Gaslager bekannt, die nicht mit Erdöllagern zusammenhängen. Jedoch können z. B. einige Gaslagerstätten von Kobystan als Bestätigung des Vorstehenden dienen (s. Abb. 2).

Das in Abb. 2 dargestellte Schema kann nicht als universell betrachtet werden. Aber in gewissen Provinzen ist die Bildung von Gaslagern durch Erhitzung organischer Stoffe, die in Zonen hoher Temperaturen gelangt sind, sehr wahrscheinlich.

Es ist möglich, daß sich ein Teil der Gaslager des Nordkaukasus und des Transkarpatengebiets auf diese Weise gebildet hat.

Die Erwägungen über die Erdöl- und Gasmigration sind subjektiv und müssen in vielen Fällen noch diskutiert werden. Sie wurden lediglich deshalb dargelegt, um zu zeigen, daß man sich bei der Erforschung der Gesetzmäßigkeit bei der Erdöl- und Gasverteilung nicht mit

Tab. 2. Spezifische Gewichte von Erdölen der Schicht PK-I

	Lagerstätten		
	Surachany	Kara-Tschuchur	Sych
Nr. der Bohrung	869	450	19
Spezifisches Gewicht des Erdöls	0,8820	0,8803	0,8898
Lagerungsteufe des Deckgebirges der Schicht in m	1970	2075	2210

der Untersuchung nur einer Seite dieser umfangreichen und komplizierten Frage begnügen darf. Die gesamte geologische Struktur und die Frage der Erdöl- und Gasführung sind eng miteinander verbunden und können nicht voneinander getrennt betrachtet werden.

Wie A. J. Krems mit Recht bemerkt, werden Erdöl- und Gaslagerstätten fast immer in Gruppen angetroffen, was durch den regionalen Charakter der Vorgänge der Erdölbildung, die Migrationswege und die Bildung von Fallen, die für die Entstehung der Lager günstig sind, bedingt ist. Innerhalb einer tektonischen Zone oder eines hydrogeologischen Beckens kann ein Teil der Fallen miteinander verbunden sein und gemeinsame Gesetzmäßigkeiten der Erdöl- und Gassättigung aufweisen. Eine dieser Gesetzmäßigkeiten wurde vom Verf. im Jahre 1940 beschrieben.

Aus Abb. 3, die ein Schema der Erdölverteilung im Bereich der Kirmakinsker Folge mit den spezifischen Gewichten der Kohlenwasserstoffe der Lagerstätten Surachany und Kara-Tschuchur zeigt, und den in den Tabellen 1 und 2 aufgeführten spezifischen Gewichten der Erdöle ist ersichtlich, daß das spezifische Gewicht der Erdöle fast in allen Schichten von Süden nach Norden zunimmt. Charakteristisch ist auch, daß die Gassättigung der Schichten in Surachany geringer ist als in Kara-Tschuchur.

In Zusammenhang mit den nach Norden ansteigenden Falten erscheint dies zunächst paradox. Die Zunahme

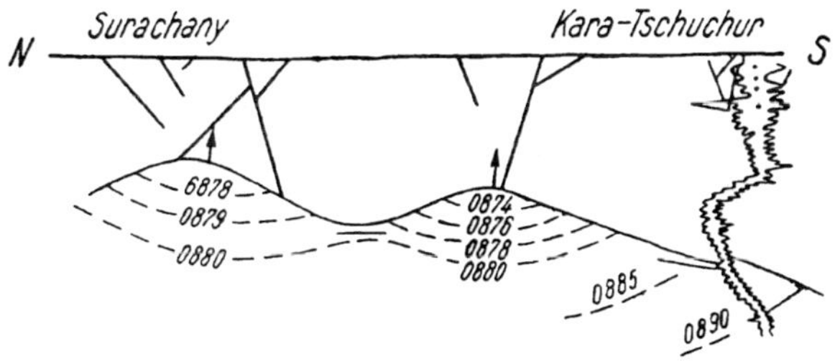

Abb. 3. Schema der Erdölverteilung nach dem spezifischen Gewicht in der Kirmakinsker Folge der Lagerstätten Surachany und Kara-Tschuchur auf der Apscheron-Halbinsel

des spezifischen Gewichts des Erdöls beim Ansteigen der Falten erklärt sich dadurch, daß das Erdöl, indem es sich von Süden nach Norden ansteigend bewegte, dort, wo es ausgeprägte Erhebungen angetroffen hat, zurückgehalten wurde. In den tiefsten strukturellen Fallen speicherte sich das leichtere Erdöl, während sich das schwere Erdöl an den Flanken und in den Periklinalen (Sattelschlüsse) anlagerte und, nachdem es die eine Falle gefüllt hatte, in die nächsthöhere Falle überlief.

Die Neigung des Lagers Kala nach Südosten weist darauf hin, daß wahrscheinlich auch die Bildung dieses Lagers mit dem Vorgang der Erdölakkumulation in diesen Strukturen zusammenhängt.

Die Falte von Kara-Tschuchur ist die erste Struktur, die auf dem Migrationswege der Erdöle und Gase liegt. Daher hatten sich hier das leichtere Erdöl und die größere Menge an Gas angehäuft, das in den Spalten migrierte, und zwar wurden im oberen Abschnitt Erdöllager mit Gaskappen und darüber Gaslager mit einem kleinen Erdölsaum gebildet.

Über die Fragen der selektiven Akkumulation von Erdöl und Gas bei horizontaler Migration hat W. C.

Abb. 4. Modellversuche der selektiven Akkumulation (nach W. A. Krajuschkin)

A – Füllen der symmetrischen Antiklinalen mit Erdöl und Gas; B – Füllen bei gleichzeitiger Bewegung des Erdöls und des Gases; C und D – Akkumulation von Erdöl und Gas in der Kette der überkippten Antiklinalen; C – Füllen bei kombinierter Erdöl- und Gasbewegung; D – Füllen, wenn zuerst Gas, dann Erdöl zugeführt wird

1 – Erdöl; 2 – Gas; 3 – Wasser

GUSSOW (1945) berichtet. Am besten wurde dieses Problem von W. A. KRAJUSCHKIN (1959) am Beispiel einer Analyse der Erdöl- und Gasverteilung in einigen Lagerstätten der Karpaten und in speziellen Versuchsanlagen erforscht.

Abb. 4 zeigt vier Modelle des selektiven Gasakkumulation. Diese Modelle sind mit wasserdurchtränktem Sand gefüllte Glasröhrchen, denen Gas und Erdöl zugeführt wurden. Auf Grund der experimentellen Untersuchungen, die sowohl für hydrostatische als auch für hydrodynamische Verhältnisse durchgeführt wurden, kam W. A. KRAJUSCHKIN zu folgenden Schlußfolgerungen:

1. Wenn die laterale Gas- und Erdölmigration in der Schicht in einer Kette von miteinander kommunizierenden Fallen stattfindet, so unterliegen Erdöl und Gas unvermeidlich der selektiven Akkumulation. Diese besteht darin, daß sich in der Falle, die im untersten Niveau und im ersten anzutreffenden Migrationsstrom liegt, als Endergebnis ein Gaslager bildet. Die darauffolgende Falle (antiklinalaufwärts) füllt sich mit Gas und Erdöl. In ansteigender Linie werden sich weiter Fallen mit Erdöl- und Gaslagern und weiterhin mit reinen Erdöllagern bilden. Die vom Ursprungsherd am weitesten entfernt liegenden Fallen oder — was dasselbe ist — die letzten Glieder der Kette der am höchsten angeordneten Fallen werden entweder nur mit Salzwasser oder mit Wasser gefüllt sein und Anzeichen von Erdöl aufweisen.

2. Die selektive Akkumulation findet auch bei vertikaler Erdöl- und Gasmigration statt, und zwar in den Kavernen der Brüche und Klüfte, wenn die Fallen übereinander angeordnet (für den Fall, daß es sich um eine mehrstöckige Erdöllagerstätte handelt) und wenn sie an eine ununterbrochene Reihe von Speichergesteinen (vertikale Fallen) gebunden sind.

3. Experimentell wurde nachgewiesen, daß unter hydrostatischen Verhältnissen eine selektive Akkumulation stattfindet. Sie ist entweder nur unter hydrodynamischen Verhältnissen möglich, bei denen Erdöl und Gas durch das sich bewegende (flutende) Wasser fortgeführt werden, oder unter beliebigen anderen Verhältnissen, sobald eine Kraft vorhanden ist, die Erdöl und Gas durch die Porenkanäle oder die Hohlräume der Klüfte zu treiben vermag (Druckabfall, natürliche Gasausdehnung usw.).

4. Für den Vorgang der selektiven Akkumulation hat es keinerlei Bedeutung, ob zuerst das Erdöl oder das Gas in die erste Falle eindringt. Schließlich lokalisiert sich immer ein Gaslager in ihr.

5. Die Anzahl der reinen Erdöl- oder reinen Gaslager in der Kette der Fallen hängt vom prozentuellen Verhältnis von Gas und Erdöl im Migrationsstrom, von der Gesamtmenge der migrierenden Fluide, vom effektiven Fassungsvermögen der Fallen, von der Länge der Kette und von der Lagerungsteufe der Fallen ab.

6. Die Form einer gewölbten Schichtenfalle übt auf den Vorgang der selektiven Akkumulation keinen wesentlichen Einfluß aus. Bei symmetrischen, überkippten und liegenden Antiklinalen hat man gleiche Verteilung von Erdöl- und Gaslagern beobachtet.

7. Die Richtung, in der die natürlichen Kohlenwasserstoffe aus der Falle hinausgedrängt werden, wird durch die Teufe der benachbarten Synklinale bestimmt. Bei sonst gleichen Bedingungen werden Erdöl und Gas immer aus der am flachsten gelegenen Synklinale verdrängt, die die antiklinale Falle von den anderen trennt.

8. Die regionale Neigung der Antiklinalenreihe, unter der wir den Winkel zwischen der Tangente der Scheitelpunkte der Antiklinalen und der Horizontalen verstehen, übt auf den Vorgang der selektiven Akkumulation ebenfalls keinen bedeutenden Einfluß aus. Das wird z. B. dadurch bewiesen, daß bei den Experimenten, in denen die Scheitel der Antiklinalen in einem Niveau angeordnet waren, die gleiche Lokalisierung der Lager wie in den vorhergegangenen Versuchsserien stattgefunden hat: In der vom erdölzuführenden Kanal aus ersten Falle hat sich im Endergebnis ein Gaslager gebildet, in der zweiten Falle ein Gas-Erdöl-Lager, weiter ein Erdöl-Gas-Lager und ein Erdöllager. Die vom Ursprungsherd am weitesten entfernt gelegene Falle blieb mit Wasser gefüllt.

9. Der selektiven Akkumulation unterliegt, sowohl bei lateraler als auch bei vertikaler Migration, in der Kette der kommunizierenden Fallen nicht nur das Gemisch von Erdöl und Gas, sondern jede einzelne dieser Komponenten. Dies läßt sich aus den spezifischen Besonderheiten solcher Fluide wie Erdöl und Gas, die in sich komplizierte Gemische mannigfaltiger Kohlenwasserstoffe mit ungleichen spezifischen Gewichten darstellen, deren Moleküle der verhältnismäßig leicht auftretenden Schweredifferentiation ausgesetzt sind, folgern.

Wie aus den folgenden Beiträgen ersichtlich sein wird, ist die selektive Akkumulation bei vertikaler Migration durch andere als von W. A. KRAJUSCHKIN angenommene Ursachen bedingt, und die Zahl der Erdöl- und Gaslager in der Kette der Fallen hängt nicht allein vom prozentualen Verhältnis des Erdöls und des Gases ab. Ohne Zweifel hat die Menge an Erdöl und Gas, die in die Kette der Fallen dringt, während der Bildung der Lager entscheidende Bedeutung; aber das Verhältnis der mit Gas und Erdöl gefüllten Fallen kann sich nach Bildung der Lager auf Grund eines allmählichen Gasaustausches verändern.

Zusammenfassung

Der Verfasser beschreibt die verschiedenen Arten der Erdöl- und Erdgasmigration und betont den Einfluß der Migrationsrichtung. Er berichtet über seine Beobachtungen an Erdöllagerstätten und Schlammvulkanen in der Sowjetunion und legt seine daraus gewonnenen Ansichten über Entstehung, Migration und Akkumulation von Erdöl und Erdgas dar.

Резюме

Автор описывает разные виды миграции нефти и газа и выделяет влияние миграционного направления. Он сообщает о своих наблюдениях на нефтяных месторождениях и грязевых вулканах Советского Союза и излагает сложившиеся из этих наблюдений взгляды о происхождении, миграции и образовании залежей нефти и газа.

Summary

The author describes the different types of migration of oil and natural gas and emphasizes the influence of the direction of migration. He reports on his observations of petroleum deposits and mud-volcanoes in the Soviet Union, and demonstrates his views on the formation, migration and accumulation of petroleum and natural gas.

Literatur

GUSSOW, W. C.: Differential Entrapment of Oil and Gas, a Fundamental Principle. — Bull. Amer. Assoc. Petrol. Geol., May 1945.

KRAJUSCHKIN, W. A.: Über die Grundprinzipien der Akkumulation von Erdöl und Gas in Ketten von kommunizierenden Fallen. — Aus dem Sammelwerk: Das Problem der Migration und die Akkumulation von Erdöl und Gas. — Gostoptechisdat, Moskau 1959.

KREMS, A. J.: Fragen der Bildung von Erdöl- und Gaslagern. — Gostoptechisdat, Moskau 1954.

SNARSKY, A. N.: Zur Frage der Radioaktivität der Erdöllager. — Aserbaidshanische Erdölwirtschaft, Nr. 8, 1936.

— Die Bildung der Erdöl- und Gaslager auf der Apscheron-Halbinsel. — Aserbaidshanische Erdölwirtschaft, Nr. 2—3, 1940.

— Einige Fragen zur Bildung von Erdöl- und Gaslagern. — Sammelwerk von Arbeiten des polytechnischen Instituts, Lwow 1951.

— Die Entstehung des Erdöls und seiner Lager. Diskussion über die Entstehung von Erdöl und Gas. — A. N. U. S. S. R. 1955.

— Die Migrationswege des Erdöls und des Gases. — Kurze wissenschaftliche Mitteilungen des polytechnischen Institutes Lwow, XXVIII. Ausgabe, 1955.

— Einige Fragen zur Erdölmigration und Bildung der Erdöllager. — Aus dem Sammelwerk: Probleme der Erdölmigration und Akkumulation von Erdöl und Gas. — Gostoptechisdat, Moskau 1959.

SOKOLOW, W. A.: Erdöl- und Gasmigration. Ausgabe der Akademie der Wissenschaften der UdSSR 1956.

Über schwere Kohlenwasserstoffe in den Gasen des Westteiles der Westsibirischen Tiefebene[1])

W. F. NIKONOW, UdSSR

Die Grundwässer des westlichen Teiles der Westsibirischen Tiefebene sind bis zu 85—90% mit Methan gesättigt (mit Ausnahme der paläozoischen Randgebiete oder der Gebiete, in denen das Grundgebirge in geringer Tiefe ansteht). Daher gewinnt die Untersuchung der schweren Kohlenwasserstoffe besonderes Interesse, da eine Ausgliederung der erdöl- bzw. gashöffigen Gebiete nach der Gaszusammensetzung bisher nicht möglich war.

In den Gasen aller Erdöllagerstätten sind schwere Kohlenwasserstoffe bis zu einigen Prozenten enthalten. Niedrigere Gehalte (0,8—1%) sind dagegen sehr selten. Aber gerade diese schweren Kohlenwasserstoffe sind von großem Interesse. Sie können, besonders wenn sie schwerer als Äthan sind, als direktes Anzeichen für eine Erdölhöffigkeit gewertet werden. Allerdings ist der Konzentrationsgrad der einzelnen Lagerstätten unterschiedlich. So wurden im Soswinsker Gebiet, im Westteil der Tiefebene, vor einigen Jahren in frei austretenden Gasen schwere Kohlenwasserstoffe bis zu 0,5% (nach M. S. GUREWITSCH), in etwas geringeren Mengen südlich und östlich davon (Kamyschlow, Kuznezowo) festgestellt. Im Gebiet von Lutschinikino, Malzewo Lugowoje (Tjumener Gebiet) und Sawodonkowsk wurden in den mesozoischen Ablagerungen schwere Kohlenwasserstoffe nur bis zu 0,3% oder überhaupt nicht angetroffen. In den Gesteinen des Paläozoikums, den Ablagerungen der Permo-Trias und des Mittleren Jura steigt ihr Gehalt bis auf 0,6—0,8% an. In den Gasen der Turinsker Basisbohrung fehlen die schweren Kohlenwasserstoffe ebenfalls (s. Abb.).

Im Gebiet von Prokowsk konnte nur in den Gasen einiger Objekte Äthan festgestellt werden. In der Uwatsker Basisbohrung wurden eine Jura- und drei Hauterive-Barrême-Proben untersucht. Der Gehalt an schweren Kohlenwasserstoffen betrug im Gas aus der Jura-Probe 1,65% und aus der Probe des Hauterive-Barrême 0,33—0,42%. In der Chanty-Mansisker Basisbohrung wurde die Zusammensetzung der Gase der Apt- und Cenomanablagerungen untersucht. In dem am tiefsten gelegenen Apt (1338—1834 m) beträgt der Gehalt an schweren Kohlenwasserstoffen 0,7% und verringert sich im Schichtenprofil nach oben zu bis auf 0,1%. Im Rakitinsker Bereich wurden nur zwei Proben aus den Ablagerungen des Hauterive-Barrême der Bohrung Nr. 1–P analysiert. Davon ergab die eine überhaupt keine schweren Kohlenwasserstoffe, die andere 0,13% Äthan und 0,01% Propan. Die höchste Konzentration an schweren Kohlenwasserstoffen (bis 2% und mehr)[2]) besitzen die Gebiete Beresowskaja, Tobolskaja, Abalakskaja und Tschelnokowskaja.

Der Gehalt an schweren Kohlenwasserstoffen in Gasen in der Nähe der Schichtgrenze zum Mesozoikum beträgt in den genannten Gebieten 0,60% bis 2,45%, darunter Äthan bis 1,71%. Der Propangehalt beträgt 0,15 bis 0,77%, und Butan ist nur in Spuren bis 0,19% vertreten. Noch schwerere Kohlenwasserstoffe wurden nur im Berosowsker und Tobolsker Bereich bemerkt.

[1]) Aus: Nowosti neftjanoj techniki, ser. geologija (russ.), H. 5, 1959, S. 20—23. Übers.: S. LÄCHELT

[2]) In gelösten Gasen ist der Gehalt an schweren Kohlenwasserstoffen im allgemeinen 1,5- bis 2mal höher.

In allen Gebieten wurde die maximale Menge an schweren Kohlenwasserstoffen im unteren Teil des Schichtenprofils (Grundgebirge, Jura, Valendis) festgestellt. Eine anschauliche Vorstellung über die steigende Konzentration an schweren Kohlenwasserstoffen mit zunehmender Teufe im Schichtenprofil vermitteln die Angaben über die mittlere Zusammensetzung der Gase (Tab. 1).

In Beresowo ist die produktive Schicht direkt dem Grundgebirge aufgelagert und soll nach Meinnug verschiedener Forscher unterschiedliches Alter besitzen (Valendis bis Oberer Jura). Demnach haben die Sedimente des Mesozoikums, vor allem die Gesteine des Jura, in allen Gebieten (darunter auch in Prokowskaja) den größten Kohlenwasserstoffgehalt.

Aus Tab. 1 ist ersichtlich, daß mit zunehmender Teufe auch das Verhältnis Methan zu den schweren Kohlenwasserstoffen geringer wird. In den unteren Teilen des Schichtenprofils steigt der Äthan-, Propan- und Butangehalt im Vergleich zu den Ablagerungen des Hauterive-Barrême um das Drei- bis Zehnfache an. Die geringsten Veränderungen des Gehaltes an schweren Kohlenwasserstoffen sind im Beresowsker Gebiet zu beobachten. In den wirtschaftlich nicht nutzbaren Gaslagerstätten von Berosowo ist der maximale Gehalt an schweren Kohlenwasserstoffen in den Ablagerungen des Hauterive-Barrême vorhanden (im Mittel 0,90%).

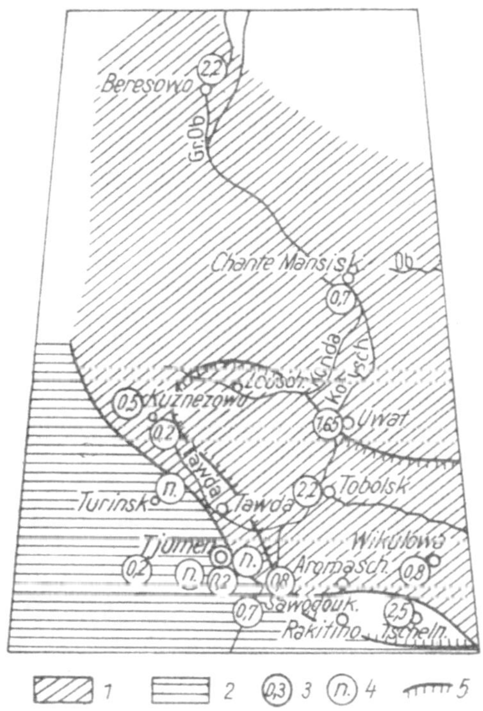

Maximale Konzentration an schweren Kohlenwasserstoffen in den mesozoischen Ablagerungen

1 — Zone vorwiegender Verbreitung von Methangasen, 2 — Zone vorwiegender Verbreitung von Stickstoff-Methan- und Stickstoffgasen, 3 — Maximale Konzentration an schweren Kohlenwasserstoffen, 4 — Grenze des Gebietes der größten Perspektive für die Suche nach Erdöl und Erdgas im unteren Teil des Mesozoikums

Tabelle 1

Alter des Gesteins	Gehalt in %								Verhältnis	
	CO_2	CH_4	C_2H_6	C_3H_8	C_4H_{10}	$C_3H_8 + C_4H_{10}$	$\sum$ schwere	N_2 u. a.	CH_4 / schwere	C_2H_6 / $C_3H_{10} + C_4H$
Tobolsk, Abalak										
Grundgebirge und nahe lagernde Schichten [1])	1,25	88,56	1,41	0,60	0,10	0,70	2,11	8,08	42	2
Oberer Jura	0,47	92,06	1.01	0,41	0.08	0,49	1,56	7,25	61	2
Valendis	1,55	90,42	0,80	0,20	0,05	0,26	1,06	7,36	105	3,7
Hauterive-Barrême	1,65	92,10	0,40	0.06	0,02	0,07	0.51	5,40	213	5.7
Tschelnokowo										
Grundgebirge und nahe lagernde Schichten [1])	—	65,39	1,97	0,31	0,17	0,48	2,45	32,16	26	4
Oberer Jura	4,13	87,66	0.93	0,28	0,12	0.40	1.33	6,88	65	2,3
Valendis	4,94	85,75	0,52	0,10	0.04	0,14	0.66	8,97	128	3,7
Hauterive-Barrême	2,56	86.33	0,29	0.04	0.02	0,05	0.35	7,17	252	5,8
Beresowo										
Grundgebirge und nahe lagernde Schichten [1])	0,56	94,09	1,14	0,28	0,02	0,30	1,25	4,10	74	3,7
Valendis	0,87	93,09	1,14	0,20	0,01	0,21	1,14	4,80	82	5,4
Hauterive-Barrême	0,51	93,59	0,70	0,14	0,04	0,20	0.90	5,00	103	3,5

[1]) Als dem Grundgebirge nahe lagernde Schichten werden solche bezeichnet, aus denen das Gas nicht höher als 8—9 m von diesem entfernt entnommen wurde. In Beresowo ist dies der untere Teil der produktiven Schicht, in den anderen Bereichen der untere Teil des Oberen Jura.

Ein Zusammenhang zwischen der Zusammensetzung des Wassers und dem Auftreten von schweren Kohlenwasserstoffen konnte bisher nicht festgestellt werden. Allerdings kann sich der Gehalt an schweren Kohlenwasserstoffen bei gleichzeitiger Erhöhung der Stickstoffkonzentration im Gas in Zonen behinderter Wasserbewegung steigern.

Die Zusammensetzung der Gase in Gesteinen verschiedenen Alters, besonders die Mengenverhältnisse der Gaskomponenten, sind auch in entfernteren Gebieten wenig unterschiedlich.

Das Verhältnis Äthan zu Propan/Butan verringert sich mit zunehmender Teufe in den Profilen von Tobolsk, Abalak und Tschelnokowsk von 1 : 5,8 bis 1 : 2. Im unteren Teil des Profils des Tschelnokowsker Bereiches steigt dieses Verhältnis. Das Gas aus den Ablagerungen des Jura enthält hier 32% Stickstoff und im Vergleich zum Äthan eine geringe Menge Propan und Butan, was wahrscheinlich auf eine Oxydation zurückzuführen ist.

Ein Anwachsen des Gehaltes an schweren Kohlenwasserstoffen bei zunehmender Teufe und ein sprunghaftes Anwachsen der Konzentration an Propan und Butan entsprechen der Zunahme des mittleren Gehaltes an organischem Kohlenwasserstoff und Bitumen in den Ablagerungen (Tab. 2).

Die Ähnlichkeit der Gaszusammensetzung auf einem verhältnismäßig großen Territorium und die Abhängigkeit des Gehaltes an schweren Kohlenwasserstoffen von der Menge an organischem Kohlenwasserstoff und Bitumen sprechen dafür, daß die Gasbildung in den mesozoischen Ablagerungen vor sich ging.

Es besteht auch die Möglichkeit, daß die schweren Kohlenwasserstoffe aus dem Grundgebirge besonders in die stärker gestörten Strukturen eindringen. Das Paläozoikum des Urals und Kasachstans ist in vielen Fällen erdölhöffig. Nach den Angaben sowjetischer Forscher erreicht der Bitumengehalt in den paläozoischen Ergußgesteinen von Beresowo, Tobolsk und Tjumen 0,08% (ein Drittel der Proben enthält 0,05—0,08% Bitumen).

Die mittlere Menge an organischem Kohlenstoff und Bitumen in den Ablagerungen des Mesozoikums (mit Ausnahme des Jura und des Valendis) ist geringer als der CLARKE-Wert. Davon und vom Charakter des organischen Stoffes ausgehend, ist anzunehmen, daß überall in den mesozoischen Gesteinen gasbildende Prozesse vor sich gehen, die in den Ablagerungen des Jura und des Valendis besonders intensiv sind.

Deshalb sind im westlichen Teil der Westsibirischen Tiefebene in erster Linie die Ablagerungen des Jura-Valendis für die Erdöl- und Erdgaserkundung wichtig. Hier sind besonders die Deckschichten für die Erdgassuche aussichtsreich; denn in den meisten Gebieten steigt der Methangehalt im Gas in den jüngeren Ablagerungen (Hauterive-Barrême) an.

Im Südteil des Vorurals fehlen in den Gasen der mesozoischen Ablagerungen die schweren Kohlenwasserstoffe fast vollständig. Im Bereich des Südrandes der Chanty-Mansisker Senke dagegen sind sie ausreichend vorhanden. Mit Hilfe der Trockendestillation des Bitumens aus einer Juraprobe des Abalaker Bereiches wurde eine helle Erdölfraktion mit Benzingeruch gewonnen. Die gleichen Versuche an einem Kern aus dem Uwat zeigten negative Resultate. Es ist bemerkenswert, daß im tiefsten Teil der Chanty-Mansisker Senke der Bitumengehalt sowie das Verhältnis von organischem Kohlenstoff zu Bitumen geringer ist als am Rand der

Tabelle 2

Alter des Gesteins	Mittlere Konzentration in %		
	C org.	Bitumen A	schwere Kohlenwasserstoffe
Oberer Jura	1,66	0,2	1.38
Valendis	0,91	0.08	0.95
Hauterive-Barrême	0,55	0,02	0,53

Senke. Der mehr saure Charakter der Bitumina für den größten Teil des mesozoischen Profils im Uwat und Chanty-Mansisk ist ebenfalls mit Hilfe der Luminiszensanalyse festzustellen. Im Gebiet von Tobolsk und Abalak zeigt sich neben dem hohen Bitumengehalt ein niedriges Verhältnis von Äthan zu Propan/Butan, das heißt, ein wesentlicher Teil der schweren Kohlenwasserstoffe ist auf Erdöl zurückzuführen. In diesen Gebieten ist auch ein erhöhter Gehalt an Naphthensäuren festzustellen.

Das geringste Defizit an Flüssiggas (Beresowo und Kusnezowo ausgenommen) ist im Gebiet von Prokowsk vorhanden. Hier und im Gebiet von Wikulowo zeigte das Gas große Ergiebigkeit.

Alle obengenannten Gründe lassen die Ostgebiete des Südteiles der Westsibirischen Tiefebene für die Erdöl/Erdgaserkundung aussichtsreicher erscheinen als G. E. RJABUCHIN & I. I. NESTEROW (1956) und andere Forscher annahmen. Die Ablagerungen sind nicht ausgewaschen, und die negativen Ergebnisse der Erdöl- und Erdgasbohrungen sind aller Wahrscheinlichkeit auf die Unvollständigkeit der Erkundungsmethoden und auf das Abbohren nicht ausreichend deutlicher Strukturen (Prokowsk, Tobolsk, Wjatkin u. a.) oder — wie später festgestellt wurde — überhaupt nicht vorhandener Strukturen (Tjumen, Wikulowo) zurückzuführen. Sie sind ferner durch das Fehlen von Speichern unter den Gesteinen des Jura und Valendis in den meisten Gebieten sowie durch zu geringe Aufmerksamkeit bei der Suche nach guten Speicherzonen dieses Alters zu erklären.

Die große Verbreitung von schweren Kohlenwasserstoffen im westlichen Teil der Westsibirischen Tiefebene, die vorhandenen Erdgaslager und die Entdeckung von Erdöl erlauben es, die Perspektive für dieses große, noch ungenügend erforschte Territorium hoch einzuschätzen. Das schließt selbstverständlich nicht aus, daß Erdöl und Erdgas auch im Südteil der Tiefebene entdeckt werden können.

Die verschiedenen Verhältnisse der schweren Kohlenwasserstoffgase untereinander können als Anzeichen für Erdöl gewertet werden, z. B. Methan und schwerere Gase oder Äthan und schwerere Gase. Die eingehende Untersuchung dieser Verhältnisse dürfte bestimmt dazu beitragen, auch andere Fragen zu klären (z. B. Genese, Migration u. a.).

Es ist besonders wichtig, die tatsächlichen Größen dieser Verhältnisse für die Erdöllager Westsibiriens zu bestimmen. Dabei ist allerdings zu berücksichtigen, daß in den Gasen mehr als 1,5—2% schwere Kohlenwasserstoffe vorhanden sind. Das Verhältnis Äthan zu Propan/Butan für die Erdöllagerstätten des östlichen Transurals muß geringer oder gleich 2 sein. Bei der Untersuchung der Erdöl/Erdgaslagerstätten der UdSSR (W. A. SOKOLOW 1947) war das Verhältnis bei 83% der Gasproben geringer als 2. Bei der Hälfte der Proben war das Verhältnis gleich 1,2 und weniger. In den Gaslagerstätten Westturkmeniens (I. S. STAROBINEZ 1957) ist dieses Verhältnis ebenfalls geringer als 2. 72% der Proben haben das Verhältnis 1,2 und weniger, wobei im Bereich derselben Lagerstätte die Größe dieses Verhältnisses annähernd gleich ist. So ist also für die Gase aus Erdöllagerstätten im allgemeinen die Größe des Verhältnisses Äthan zu Propan/Butan kleiner als 2, ungeachtet dessen, daß in den betrachteten Gasen der Lagerstätten der UdSSR der Gehalt an schweren Kohlenwasserstoffen sehr unterschiedlich ist. Es genügt, darauf hinzuweisen, daß die Konzentration des Äthans 0,8 bis 15% beträgt.

Literatur

RJABUCHIN, G. E., & I. I. NESTEROW: Tektonik und mögliche Erdölhöffigkeit der mesozoischen Ablagerungen an der nördlichen Flanke des Kasachstaner Faltengebietes. — Neftjanoe Chosaistwo, Nr. 10, 1956.

SOKOLOW, W. A.: Direkte geochemische Methoden für die Erdölsuche. — Gostoptechisdat, Moskau 1947.

STAROBINEZ, I. S.: Charakteristik begleitender Erdölgase im Vorbachascher Gebiet Westturkmeniens. — Arbeiten der Turkmenischen Filiale des BNII, Bd. 1, 1957.

Ergebnisse von Untersuchungsarbeiten auf Baryt im Gebiet vom Schneckenstein (Vogtland)

HELMUT BOLDUAN, PETER RICHTER, Freiberg, & GERHARD TISCHENDORF, Berlin

Die Suche nach Baryt ist in der Deutschen Demokratischen Republik nie mit allzu großer Intensität betrieben worden, weil unserem Lande von früher her bekannte Reserven in ausreichendem Maße zur Verfügung standen. Erst in den letzten Jahren wurde mehr Wert darauf gelegt, bestimmte Barytsorten, speziell Farbspäte, die die Industrie dringend benötigt, zu erkunden. Allerdings sind gerade derartige Farbspatlagerstätten relativ selten. Sie stellen innerhalb der bei uns bekannten genetischen Typen von Barytvorkommen Ausnahmen dar. Das Auffinden größerer Farbspatvorkommen muß vom Geologen nach den jetzigen Kenntnissen als recht unwahrscheinlich bezeichnet werden. Durch Verbesserung der Aufbereitungstechnik und durch Anwendung von Bleichverfahren läßt sich jedoch Farbspatmaterial herstellen. Auf diese Art der Farbspatgewinnung muß künftig besonderes Gewicht gelegt werden.

Genetische Stellung der auf dem Gebiet der Deutschen Demokratischen Republik auftretenden Barytvorkommen

Wichtigster Barytträger der auf dem Gebiet der Deutschen Demokratischen Republik auftretenden Barytvorkommen ist die im Erzgebirge weit verbreitete, auf Restlösungen varistischer Granite zurückzuführende Mineralisation der Roteisen-Baryt-Formation (eba). MÜLLER (1901) u. a. Autoren hielten diese Mineralisation lange Zeit für recht jung. Erst OELSNER (1952a) erkannte nach Untersuchungen im Freiberger Revier ihre wahre Altersstellung. Danach ist sie als älteste barytführende Formation im Erzgebirge altersmäßig nach den Absätzen der besonders in Freiberg verbreiteten kiesig-blendigen Bleierzformation und vor den Ausscheidungen der Edlen Braunspatformation einzuordnen. An Gangarten führt die eba-Paragenese mehrere Quarz-Hornstein-Generationen, meist zwei Generationen Baryt und Fluorit, an Erzmineralien Hämatit, Pechblende, sodann Manganoxyde und gelegentlich Magnetit. An Sulfiden treten wenig Kupferkies und Bornit auf. Nach neueren Untersuchungen sind die z. B. im Freiberger Bezirk bereits 1835 bekannt gewordenen Selenide (Clausthalit, Naumannit u. a.) gleichfalls in die Paragenesis der eba-Absätze einzustufen (TISCHENDORF 1959).

Die Paragenese der Mineralien zeigt, daß die eba-Hydrothermen ein außerordentlich hohes Oxydationspotential besessen haben; außer Kupferkies und Bornit, die von allen Sulfiden offensichtlich bereits bei relativ hohem Oxydationspotential stabil sind, treten an Erzmineralien ausschließlich Oxyde auf, Eisen dabei überwiegend in seiner dreiwertigen Form. Wie die allgemeine Altersfolge der Mineralien zeigt (Eisenglanz — Siderit), muß das Oxydationspotential im Laufe der Ausscheidungen abgenommen haben. Das spiegelt sich auch darin wider, daß die ältere Barytgeneration stets mit zum Teil makroskopisch sichtbarem Hämatit verwachsen ist, die jüngere nur in geringem Maße. Aus diesen Gründen ist eine Verwertung des Baryts dieser Formation als Farbspat im allgemeinen nicht möglich; er besitzt zumeist nur Reduzierspatqualität. Lediglich dann, wenn der Baryt der zweiten Generation in größeren Mengen auftritt, besteht die Möglichkeit, diesen bei selektivem Abbau als Farbspat minderer Qualität zu gewinnen.

In den $SrSO_4$- und $CaSO_4$-Gehalten folgen die eba-Baryte — soweit bisher untersucht — den allgemein festgestellten Regelmäßigkeiten, d. h., die $SrSO_4$-Gehalte nehmen im Laufe der Ausscheidungen ab, die $CaSO_4$-Gehalte aber zu. BAUMANN (1958) gibt für den Baryt I der eba-Formation Freibergs als Variationsbereich und Durchschnittsgehalt an $SrSO_4$ 0,75 — 1,4 — 2,7% an, für den Baryt II $\leqslant$ 0,01 — 0,8 — 1,8%. Die entsprechenden $CaSO_4$-Gehalte liegen bei $\leqslant$ 0,01 — 0,21 — 1,8% für Baryt I und für Baryt II bei $<$ 0,01 — 1,05 — 4,5%. Für Blei, das gleichfalls als Sulfat isomorph im Baryt vorliegt, gibt BAUMANN einen Durchschnittsgehalt beider Generationen von 0,02% (= 0,03% $PbSO_4$) an.

Der Fluoritanteil in dieser Paragenese ist relativ gering. Abgesehen davon, daß natürlich der Lagerstättenanschnitt für diese Beurteilung eine Rolle spielt, scheint die Barytmenge dieser ältesten variskischen Baryt-Fluorit-Paragenese im Erzgebirge gegenüber Fluorit stets zu überwiegen.

Einen zweiten Barytträger stellt die gleichfalls im Erzgebirge verbreitete, wiederum auf Restlösungen variskischer Granite zurückzuführende fluorbarytische Bleierzformation (fba) dar. Diese ist stets jünger als die eba-Formation und tritt besonders ausgeprägt im Freiberger Raum auf (TISCHENDORF 1955, BAUMANN 1958). In anderen erzgebirgischen Grubenbezirken kann die fba-Formation wohl nachgewiesen werden; sie ist aber dort bei weitem nicht so differenziert ausgebildet wie im Freiberger Raum und wird, je weiter westlich die Granite aufsetzen (Freiberg — Marienberg — Annaberg — Schneeberg), um so mehr zu einer Vorphase der BiCoNi-Formation. In Freiberg ist die fba-Formation durch eine reiche Sulfidführung ausgezeichnet, wobei mengenmäßig Bleiglanz, Kupferkies, Pyrit, Markasit und Zinkblende besonders hervortreten. Oxyde fehlen vollständig. An Gangarten führt die fba-Formation Baryt, Fluorit und Quarz. Gegenüber der eba-Paragenese hat die Fluoritführung erheblich zugenommen.

Die Paragenese der Mineralien zeigt an, daß das Oxydationspotential der Lösungen beträchtlich unter dem der eba-Lösungen gelegen hat. Die Anwesenheit von FeS_2 statt Fe_2O_3 gibt dafür einen definitiven Hinweis.

Einer der Verf. konnte 1955 an Hand einer detaillierten geochemischen Untersuchung mehrerer Barytgenerationen des Halsbrückener Spates, eines fba-Ganges im Freiberger Bezirk, erstmals zeigen, in welcher Weise sich die $SrSO_4$- und $CaSO_4$-Gehalte im Baryt bei dessen Ausscheidungen aus hydrothermalen Lösungen verhalten. Auch bei der fba-Formation läßt sich ganz ausgezeichnet die Tendenz verfolgen, daß die $SrSO_4$-Gehalte im Verlauf der Ausscheidungen ab-, die $CaSO_4$-Gehalte aber zunehmen. Gegenüber der eba-Formation erscheint bedeutungsvoll, daß die $SrSO_4$-Gehalte in den Baryten hier höher liegen.

Die engen Verwachsungen des fba-Barytes mit Quarz, Fluorit und Sulfiden lassen im allgemeinen eine Verwendung als Farbspat oder Reduzierspat nicht zu. In günstiger Lagerstättenposition (Barytstockwerk mit relativ geringer Sulfidführung) können allerdings mitunter Reduzierspatqualitäten und, da neben einem geringen Sulfidanteil praktisch keine weiteren färbenden Substanzen vorhanden sind, auch gelegentlich mindere Farbspatqualitäten ausgehalten werden.

Als dritte barytführende Gangformation ist jene Paragenese zu nennen, die besonders im Raum von Schmalkalden auf der südlichen Spaltenzone des Thüringer-Wald-Horstes aufsitzt. Obwohl auch dort in neuerer Zeit bereits intensive lagerstättenkundliche Untersuchungen durchgeführt wurden (OELSNER 1956, ULBRICH 1957, WERNER 1958, PRATZKA 1959), ist die Genese dieser Mineralisation, die im wesentlichen aus einer Generationsfolge von Ankerit-Siderit und Quarz-Fluorit-Baryt mit etlichen Wiederholungen besteht, noch nicht endgültig geklärt. Ziemlich sicher scheint zu sein, daß diese Mineralisation genetisch mit dem südwestlich von diesem Gebiet auch effusiv gewordenen tertiären Basaltvulkanismus in Zusammenhang zu bringen ist; allerdings wird nur das mobilisierende Agens von dort stammen, die Stoffherkunft ist noch nicht geklärt. Sulfide treten in dieser Karbonspat-Quarz-Fluorit-Baryt-Paragenese nur äußerst selten auf; völlig untergeordnet findet sich gelegentlich Kupferkies und als in den Sulfidabscheidungen immer wiederkehrendes Spurenelement Wismut.

Nach der Mineralparagenese zu urteilen, kann das Oxydationspotential der Lösungen nicht allzu hoch gewesen sein; Eisen tritt außer in einer mengenmäßig unbedeutenden Vorphase ausschließlich in seiner zweiwertigen Form in Karbonaten auf. Aus diesem Grunde könnten in diesem Erzbezirk gute Farbspatqualitäten erwartet werden. Die leichte Oxydierbarkeit des Eisens der Ankerit- und Sideritgenerationen zu stark färbenden Eisenoxydhydraten läßt dieses aber nur in Gängen zu, die ankerit- und sideritfrei sind, oder in Teufen, bei denen noch keine Oxydationsprozesse erfolgten.

Nach den Untersuchungen von WERNER (1958) zeichnen sich die tertiären Baryte des Schmalkaldener Revieres durch hohe $SrSO_4$-Gehalte aus, die im Durchschnitt aller Generationen bei 4,0 bis 4,3% liegen. LEEDER (1957) gibt für den Baryt I der Barytgrube Könitz bei Saalfeld sogar 8,8% $SrSO_4$ an. GUNDLACH (1959) veröffentlicht zwei Analysen von Baryt aus Leutnitz, bei denen 6,60 bzw. 7,09% $SrSO_4$ nachgewiesen werden. Eine Abhängigkeit des $SrSO_4$-Gehaltes von der Altersstellung des Barytes läßt sich nach den Untersuchungen WERNERs im Schmalkaldener Revier nicht erkennen; im Könitzer Gebiet besteht eine solche, da der dortige Baryt II durchschnittlich nur 4% $SrSO_4$ enthält. Bemerkenswert ist der Hinweis LEEDERs, daß die $SrSO_4$-Gehalte in beiden Barytgenerationen in Könitz mit der Teufe allmählich abnehmen.

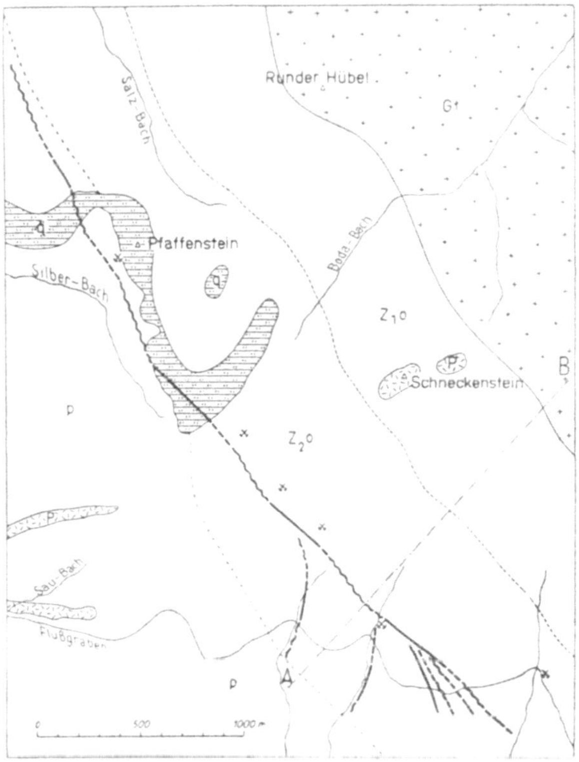

Abb. 1. Übersicht über die geologische Situation des Baryt-Quarz-Ganges am Schneckenstein

Wegen der sehr engen Verwachsungen mit Fluorit macht WERNER keine Angaben über evtl. vorhandene $CaSO_4$-Gehalte im Baryt; vermutlich liegen in den im Schmalkaldener Revier allgemein tafelig kristallisierenden Baryten nur äußerst geringe $CaSO_4$-Gehalte vor. Dafür spricht auch die Erfahrung, daß größere $CaSO_4$-Mengen nur unter besonderen hydrothermalen Bedingungen im Baryt eingebaut werden können, nämlich dann, wenn eine Konzentrationsübersättigung in der Lösung vorliegt, die zur Gelbildung neigt und statt der tafelig-„geradschaligen" Baryttypen ausgesprochen nierig-„krummschalige" zur Abscheidung bringt (TISCHENDORF 1955).

Die im Harzer Raum auftretenden Barytgänge (Kelbra, Ilfeld, Schwenda, Stolberg, Lauterberg u. a.) sind in bezug auf ihre Geochemie und Genese wenig erforscht. Offensichtlich gehören sie ähnlich den cba und fba-Paragenesen des Erzgebirges zu Bildungen aus Restlösungen varistischer Magmen. Da die Harzer Granite einem anderen Geosynklinalbereich als die erzgebirgischen angehören und dort somit natürlich anderes Sedimentmaterial zur Palingenese gelangte, können die erzgebirgischen Paragenesenabfolgen nicht ohne weiteres mit denen des Harzes parallelisiert werden.

Die Harzer Baryt- und Fluoritgänge nehmen zu denen des Erzgebirges hinsichtlich ihrer Abscheidungsbedingungen etwa eine Mittelstellung ein, d. h., die sie absetzenden hydrothermalen Lösungen erreichten weder das ausreichende Oxydationspotential, um nennenswerte Eisenmengen als Fe_2O_3 zu fixieren, noch besaßen sie eine so hohe Sulfidionen- und Metallkationenkonzentration, daß es zur Bildung bauwürdiger baryt- oder fluoritführender Sulfidlagerstätten kam.

Nach den Untersuchungen WERNERs besitzt der Baryt des Vorkommens von Lauterberg $SrSO_4$-Gehalte von 1–3,5%. Detaillierte geochemische Untersuchungen an den übrigen Harzer Vorkommen wurden bislang noch nicht durchgeführt. Erste Übersichtsanalysen zeigen aber, daß der Streuungsbereich an $SrSO_4$ im Baryt etwa dem der varistischen Baryte aus dem Erzgebirge entspricht (Tab. 1).

Von der Barytgrube Kelbra im Kyffhäuser werden $SrSO_4$-Gehalte zwischen 2,92 und 6,42%, mit einem rechnerischen Durchschnitt von 4,86%, angegeben (VOGEL in BRÜNING & OTT 1960). Die von LINDOW (1958) zitierten $SrSO_4$-Gehalte vom Baryt aus Kelbra, die spektralanalytisch bestimmt wurden (im Mittel 2,6%), erscheinen recht niedrig, ebenso jene, die der genannte Verf. in den Baryten der Gruben Stolberg (Baryt I 1,73; Baryt II 1,403%) und Rottleberode/Schwenda (2,49%) ermittelt hat. Die bei GUNDLACH (1959) vermerkten, sehr niedrigen $SrSO_4$-Gehalte von Barytproben aus Stolberg, welche nach vier Analysen zwischen 0,15 und 0,80% liegen, entstammen nach Beschreibung des Verf. höchstwahrscheinlich umgelagerter Barytsubstanz und sind insofern erklärbar.

Geologische Position des Barytvorkommens am Schneckenstein

Das Grubenfeld des z. T. von der SDAG Wismut, z. T. von der Staatlichen Geologischen Kommission in den Jahren 1957 bis 1959 erkundeten Barytvorkommens am Schneckenstein befindet sich ca. 10 km südöstlich Falkenstein im Vogtland und ca. 1 km südwestlich des bekannten Topasfelsens am NW-Abhang des 941,3 m hohen Kielberges. Die annähernd NW–SE streichende und mit ca. 65° nach SW einfallende Barytgangzone setzt mit ihren Fiedertrümern im äußeren Kontakthof des Eibenstocker Granites auf. Sie ist schon recht lange

Tab. 1. $SrSO_4$-, $CaSO_4$- und $PbSO_4$-Gehalt einiger Baryte von Barytvorkommen des Harzes

Vorkommen und Ausbildung des Baryts	$SrSO_4$ %	$CaSO_4$ g/t	$PbSO_4$ g/t
Ahlbrand bei Sülzhayn; weiß, grobblättrig	5,90	300	15
Ahlbrand bei Sülzhayn; durch Hämatit schwach rötlich gefärbt, grobblättrig	3,00	110	10
Clavesberg bei Sülzhayn; schwach rötlich, feinkörnig	3,65	700	10
Clavesberg bei Sülzhayn; schwach rötlich, grobblättrig	4,00	350	10
Grube Silberbach bei Stolberg; weiß grobblättrig	2,69	1000	10
Grube Silberbach bei Stolberg; reinweiß, grobblättrig	3,00	700	15
Beckersberg bei Stolberg, Schurf; weiß, mit Manganmulm, grobkörnig	2,57	1000	30
Östl. Pfaffenkopf bei Stolberg, Schurf; schwach rötlich, grobkörnig	2,72	700	10
Grube Wolkenhügel bei Lauterberg; reinweiß, grobkörnig	2,75 4,90 3,80	700 700 350	15 10 10
Grube Wolkenhügel bei Lauterberg; durch Hämatit schwach rötlich gefärbt, grobkörnig	4,80	1000	10
Grube Hordrust bei Lauterberg; weiß, grobkörnig, mit Kupferkiesanflug	5,20	700	10

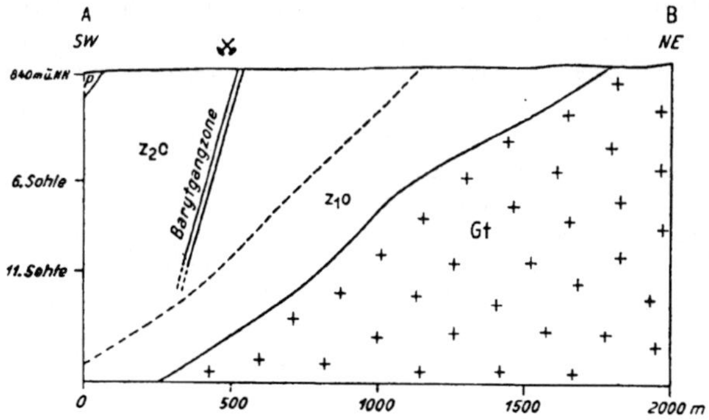

Abb. 2. Profil durch die Gangzone und den Eibenstocker Turmalingranit

bekannt (s. z. B. SCHRÖDER 1908), wurde aber bis jetzt noch nie auf ihre Bauwürdigkeit untersucht (Abb. 1).

Die im Kontaktbereich liegenden phyllitischen Hüllgesteine wurden in Granitnähe zu Andalusithornfels (innere Kontaktzone) umgewandelt; in Richtung zum unveränderten Phyllit treten Fleck-, Garben-, Frucht- und Knotenschiefer auf (äußere Kontaktzone). Da der Granitkontakt mit 25 bis 35° bedeutend flacher einfällt als die Barytgangzone, nimmt die kontaktmetamorphe Überprägung des unmittelbaren Gangnebengesteins von den höheren Gangbereichen nach den tieferen zu (Abb. 2).

Der im Niveau der 11. Sohle bis ca. 200 m an die Gangzone heranreichende Hornfels besteht aus Quarz, Biotit, Andalusit und in wechselnden Mengen aus Sillimanit, Cordierit und Staurolith. Er besitzt eine ausgesprochen dichte Struktur, gelegentlich ist er feinkörnig, sein Bruch ist muschelig-splittrig, die präexistente Schieferung läßt sich nur noch gelegentlich gut erkennen.

Die weniger kontaktmetamorphen Gesteine der Frucht- und Knotenschieferreihe bilden das eigentliche Nebengestein der Gangzone. In diesen Gesteinen überwiegen Quarz, Serizit und Andalusit, untergeordnet treten Biotit, Chlorit und Cordierit auf. Die Frucht- und Knotenschiefer sind gegen hydrothermale Beeinflussung nur in geringem Maße resistent und erfahren in Gangnähe eine intensive Bleichung. Sie besitzen eine ausgesprochen schiefrige Textur; die auf den Schieferungsflächen ausgebildeten Knötchen bestehen aus neu gebildetem Andalusit und Cordierit. Die Schieferung dieser Kontaktgesteine streicht nach 91 Messungen im Niveau der 6., 8. und 9. Sohle im Durchschnitt mit 46° und fällt mit 26° nach NW ein. Der Eibenstocker Granit sitzt im Grubenbereich also nicht konkordant, sondern diskordant in seinem Hüllgestein, worauf bereits OELSNER (1952b) aufmerksam gemacht hat.

Im Grubengebäude setzen eine Vielzahl von Ganggesteinen auf, so Quarzporphyre, Diabasporphyrite und Kersantite. Die Gänge streichen sämtlich erzgebirgisch, die Mächtigkeiten sind ganz unterschiedlich und liegen zwischen 0,5—2,5 m. Die im Durchschnitt etwa 0,8 m mächtigen Diabasporphyrite fallen bis auf wenige Ausnahmen mit 30—50° flach nach NW ein. Da die Ganggesteine nie zusammen aufgeschlossen sind, läßt sich über ihre Altersstellung zueinander nichts aussagen. Sicher erscheint jedoch, daß sie sämtlich älter sind als der Barytgang. Der von über Tage her bekannte Saubachtal—Schneckensteiner Quarzporphyr, der nach OELSNER (1952b) älter sein soll als die Platznahme des Eibenstocker Granites, ist vermutlich kein Gang, sondern setzt sich — wie bereits früher angenommen — aus einzelnen, annähernd auf einer Linie liegenden Schloten zusammen. Andere Quarzporphyre treten aber durchaus gangförmig auf und sind, da sie den Granit durchsetzen, jünger als dieser.

Gangtektonische Verhältnisse

Es muß bemerkt werden, daß sowohl die gangtektonischen Untersuchungen im Grubengebiet als auch die paragenetischen am Barytgang nicht vollständig sein können; sie spiegeln lediglich den Stand der Erkenntnisse nach Durchführung einer normalen Lagerstättenvorerkundung wider. Besonders die gangtektonischen Verhältnisse können zur Zeit nur erste Hinweise darstellen, die jedoch bei den weiteren Erkundungsarbeiten beachtet werden sollten.

Im Grubengebiet treten außer der vor allem interessierenden, im Durchschnitt mit 135° streichenden und mit 65° nach SW einfallenden Barytgangzone noch mehrere tektonische Störungen auf, die teilweise auch mineralisiert sind. Als wichtige tektonische Elemente erscheinen dabei einerseits mineralisierte Spalten, die im Mittel mit 156° streichen und mit 75° nach SW einfallen und sicher als Fiedertrümer zur Barytgangzone aufzufassen sind, andererseits aber auch gleichfalls mineralisierte Spalten, die mit 77°/60° SE etwa senkrecht zu dem vorgenannten Spaltensystem aufsetzen. Neben diesen Spalten lassen sich noch Störungen beobachten, die nicht mineralisiert sind. Teilweise stellen diese Störungen ältere Elemente dar, die später wiederauflebten und den Barytgang um einen geringen Betrag verwarfen (71°/65° NW und 170°/65° SW), teilweise jüngere (32°/35° NW). Mangels eingehender Untersuchungen kann jetzt über den gesetzmäßigen Ablauf der Anlage der Störungen, über ihre evtl. Öffnung und über die allgemeinen gegenseitigen Beziehungen noch nichts Näheres ausgesagt werden.

Der von uns untersuchte, bislang auf ca. 4000 m streichend und im Grubengebiet auf ca. 600 m Teufe bekannte Barytgang setzt in einer bedeutenden Störung auf, die nach NW sehr wahrscheinlich noch weit über das erkundete Gebiet hinausreicht. Die der Erkundung dienenden Grubenbaue befinden sich offensichtlich am SE-Ende dieser Störungszone, da in diesem Bereich

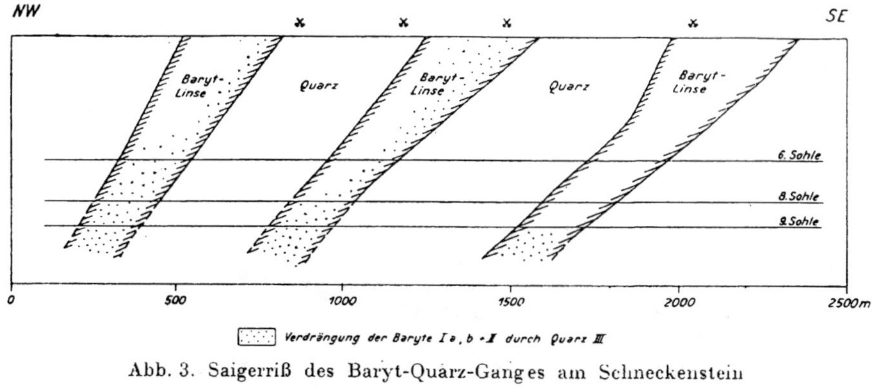

Abb. 3. Saigerriß des Baryt-Quarz-Ganges am Schneckenstein

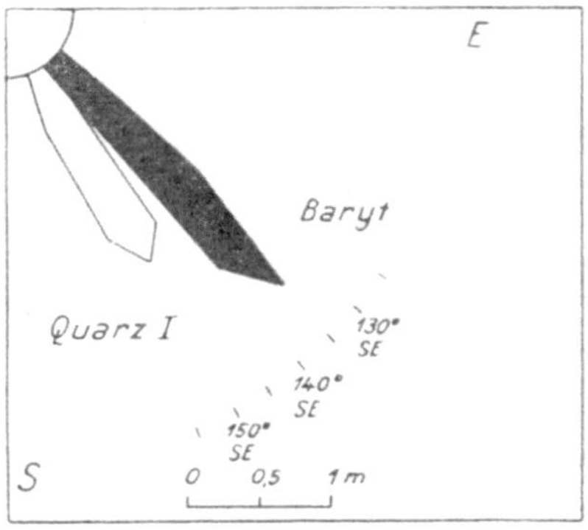

Abb. 4. Abhängigkeit der Mächtigkeit von Baryt und Quarz I von der Streichrichtung der Gangzone

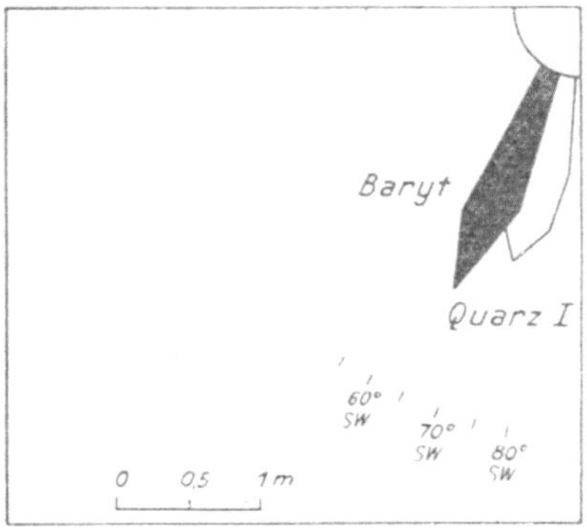

Abb. 5. Abhängigkeit der Mächtigkeit von Baryt und Quarz I vom Einfallen der Gangzone

über und auch unter Tage eine größere Anzahl abscharender, z. T. auch mit Baryt mineralisierter (Fieder-) Trümer nachgewiesen werden konnte und der Hauptgang über Tage nur noch auf geringe Entfernung hin zu verfolgen war. Das relativ plötzliche Abscharen der Trümer kann nur dahin gedeutet werden, daß es einem Zerschlagen des Hauptganges entspricht. Daß die Erkundungsarbeiten gerade in diesem Teil angesetzt wurden, ist günstig, da wahrscheinlich in diesem Grubengebiet außer dem bekannten Hauptgang vor allem in den oberen Teufen bis zu ihrem Anscharen noch mehrere bauwürdige Barytnebentrümer vorhanden sind.

Die Erkundungsarbeiten ergaben, daß die Gangzone nicht gleichmäßig mineralisiert ist, sondern daß in Abhängigkeit vom örtlichen Streichen und Einfallen bevorzugt Baryt (vor allem Baryt Ia + b) oder Quarz (vor allem Quarz I) in der geöffneten Spalte zum Absatz gelangten. Da die Spaltenstreichrichtung auf längere Erstreckung hin anhält, haben sich sowohl Baryt- als auch Quarzmittel in Form von Linsen, die bedeutende Erstreckung erreichen, abgesetzt. Bisher sind im Bereich des Hauptganges im untersuchten Grubengebiet über die gesamte Teufenerstreckung drei, je annähernd 200—300 m streichend aushaltende und auf dem Gang mit 45—55° nach NW einschiebende Barytlinsen mit dazwischenliegenden Quarzlinsen bekannt geworden (Abb. 3).

Zahlreiche Mächtigkeits-, Streichrichtungs- und Fallrichtungsmessungen im Bereich der Baryt- und der Quarzlinsen ergaben, daß — wie die Bildung der Baryt- und Quarzlinsen bereits im großen zeigt — zwischen diesen Parametern deutliche Abhängigkeiten bestehen. Barytmittel mit maximalen Mächtigkeiten sitzen dort auf, wo die Spaltenzone mit 135° streicht. Die mächtigsten Quarzmittel finden sich in Gangbereichen mit deutlich steilerer Streichrichtung, nämlich bei 150° (Abb. 4).

Äquivalente Abhängigkeiten konnten ebenfalls für das Gangeinfallen nachgewiesen werden. Wie Abb. 5 zeigt, liegt die maximale Mächtigkeit der Barytmittel bei 65° SW, die der Quarzmittel aber bei 75° SW. Generell läßt sich in den einzelnen Barytlinsen mit zunehmender Teufe eine schwache Abnahme der Mächtigkeit feststellen. Wie auch aus anderen Grubenrevieren bekannt, versteilt der Gang insgesamt mit zunehmender Teufe.

Paragenese der Mineralien

Der Mineralinhalt des Ganges ist recht eintönig und besteht zum weitaus überwiegenden Teil aus Baryt und Quarz. Die Summe der restlichen noch auftretenden Primärminerale Paradoxit, Eisenglanz, Kupferkies und Bornit macht höchstens 1—2 Gew.-% der gesamten Mineralisation aus.

Baryt

Auf Grund der Altersstellung und Paragenese können zwei Barytgenerationen (I und II) ausgehalten werden (Abb. 6). Da im Anfangsstadium des Absatzes von Baryt I gleichzeitig Eisenglanz ausgeschieden wurde, dieser zum Teil oft bänderartig, immer aber ziemlich intensiv mit dem Baryt verwachsen ist und dadurch dessen Rotfärbung verursacht, scheint es gerechtfertigt, den roten Baryt (Ia) von dem ohne tektonischen Hiatus folgenden, aber nur noch schwach rötlich gefärbten Baryt (Ib) zu trennen.

Der rote, stets relativ grobblättrige Baryt von der Ia-Generation tritt in einigermaßen mächtigen Trümern (bis 0,7 m) nur in den oberen Teufen (1.—6. Sohle) auf. Im Gegensatz zum Baryt Ib wird er nur selten durch jüngeren Quarz verdrängt, wahrscheinlich weil die Verquarzung in der Regel nicht bis zu diesem oberen Teufenbereich vorgedrungen ist. Auf den unteren Sohlen kommt, wenn überhaupt, Baryt Ia nur in äußerst geringmächtigen Trümchen vor.

Der infolge annähernder Eisenglanzfreiheit nur noch schwach rötlich gefärbte, altersmäßig auf den Baryt Ia unmittelbar folgende Baryt Ib ist von allen Barytgenerationen weitaus am meisten verbreitet. Er findet sich im gesamten Teufenbereich aufgeschlossen, im Gebiet der oberen Sohlen zuweilen mit bedeutenden Mächtigkeiten von 2—3 m. Der Baryt Ib bildet fast stets grobblättrige, häufig rosettenförmige Aggregate und wäre für eine unmittelbare Farbspatgewinnung — wenigstens zum Teil — geeignet. Vorzugsweise auf den oberen Sohlen und in Salbandnähe im Bereich zirkulierender Oberflächenwässer haben sich aber auf Haarrissen und Korngrenzen des Baryts supergene Eisen- und Manganoxydhydrate abgesetzt, die die Qualität des Barytes mindern.

Nach einem deutlichen tektonischen Hiatus gelangte Baryt II zum Absatz. Dieser besitzt stets rein weiße bis schwach milchiggraue Färbung und bildet gleichfalls überwiegend grobkörnige Aggregate. Gegenüber Baryt Ib tritt er mengenmäßig weit zurück. In größeren Mächtigkeiten wurde er bislang nur an wenigen Stellen nachgewiesen.

Als jüngste Barytabsätze treten recht flächenreiche, zum Teil nadlig-spießige Kristalle in Formen, wie von

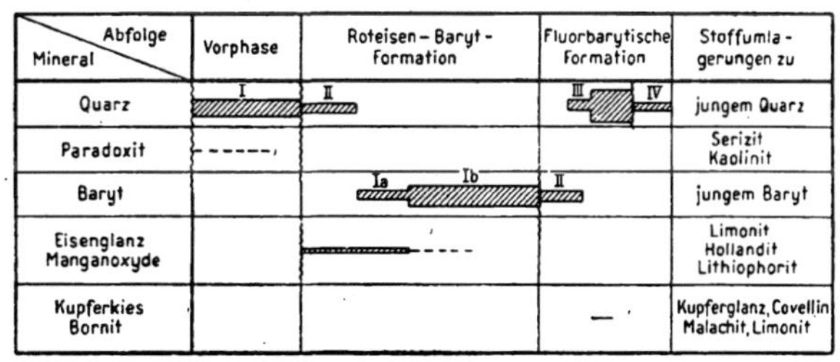

Abb. 6. Altersfolge und extensive Verbreitung der Minerale des Baryt-Quarz-Ganges am Schneckenstein

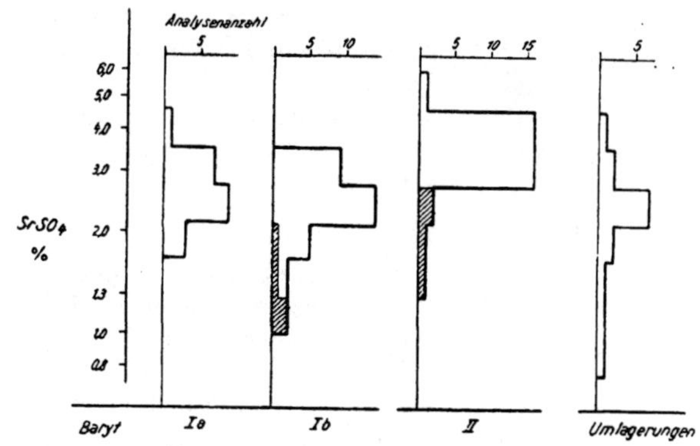

Abb. 7. Die Gehalte an $SrSO_4$ in den Barytgenerationen des Baryt-Quarz-Ganges am Schneckenstein (schraffiert: Ergebnisse der Übertageproben)

ZIMÁNYI (1908) beschrieben, auf. Diese jüngsten Baryte sind nicht primären Ursprungs, sondern umgelagert.

Um die einzelnen Barytgenerationen und die Konzentrationsverhältnisse der hydrothermalen Lösungen charakterisieren zu können, wurde der Spurenelementinhalt der Baryte bestimmt, und zwar die isomorph vorliegenden Gehalte an $SrSO_4$ röntgenspektrometrisch, die an $CaSO_4$ und $PbSO_4$ spektralanalytisch (s. Abb. 7, 8 und 9).

Quarz

Quarz mit seinen mittel- bis grobkristallinen oder hornsteinähnlich-dichten Varietäten ist neben Baryt das verbreitetste Gangmineral. Seine erste Generation stellt gleichzeitig die älteste Gangausfüllung dar. Sie bildet vor allem die bereits erwähnten, zwischen den Barytlinsen auftretenden, mit 150° etwas steiler streichenden Quarzmittel, tritt aber, mit allerdings weit geringerer Mächtigkeit, auch im Bereich der Barytlinsen am Salband auf. Es ist bisher nur an einer Stelle beobachtet worden, daß Quarz I als selbständiger Gang einmal neben dem Barytgang herläuft. Auf Grund starker tektonischer Bewegungen zu Beginn der Mineralisation besitzt Quarz I häufig brekziöse Textur, er verkittet mitunter Schiefereinschlüsse bis zu einer Größe von 50 cm. Werden diese Einschlüsse durch spätere hydrothermale Einwirkungen zersetzt und herausgelöst, so entsteht ein löcheriges Gefüge. Junge Quarzgenerationen verheilen oft diese Hohlräume.

Der mit dem Quarz I zusammen auftretende Paradoxit ist in verhältnismäßig frischem Zustand nur noch im unteren Teufenbereich der Lagerstätte (11. Sohle) aufzufinden. In oberen Teufen konnten aber überall, häufig gleichfalls durch jungen Quarz ausgefüllte Feldspatnegative beobachtet werden, die darauf deuten, daß Paradoxit primär im gesamten Teufenbereich abgeschieden, später aber zum Teil wieder gelöst wurde.

Im Anschluß an die tektonische Bewegung nach der Quarz I-Paradoxit-Vorphase beginnt die eigentliche Quarz-Baryt-Mineralisation. Diese wird eingeleitet durch Absätze eines feinkörnig-dichten, hornsteinähnlichen Quarzes (Quarz II), der zu einem gewissen Teil hellgrau bis grau, überwiegend aber rötlich durch feindispers eingesprengte Hämatitpartikelchen gefärbt ist. Dieser Hornstein bildet innerhalb der Gangzone teilweise selbständige Trümer, die den Quarz I durchsetzen oder an dessen Salband auftreten. Die Mächtigkeit der Trümer übersteigt nur sehr selten 50 cm.

Der auf die mächtigen Barytausscheidungen folgende Quarz III stellt die Hauptquarzgeneration dar, welche die Barytabsätze der Generationen Ia und Ib, untergeordnet auch II, stark korrodiert. Die Stadien der Verdrängung und Umhüllung, der Barytauslaugung und der teilweisen Wiederverfüllung durch Quarz sind von TISCHENDORF (1955) u. a. Autoren bereits eingehend beschrieben worden. Da sich diese Vorgänge von Lagerstätte zu Lagerstätte ähneln oder sogar gleichen, bedarf es keiner Wiederholung.

Charakteristisch für die hiesigen Verhältnisse ist jedoch die häufig nicht vollständige, sondern nur bis zu einem gewissen Grade erfolgte Wiederausfüllung der Barytnegative durch Quarz. Das Ergebnis dieser Verdrängungsvorgänge bildet ein feinkörnig-grusiges Quarz-Baryt-Gemisch, das nur über geringe Standfestigkeit verfügt und bei Vorhandensein von Standwässern schwimmsandähnliche Eigenschaften besitzt, die für eine Aus- und Vorrichtung des Ganges große Schwierigkeiten mit sich bringen. Bei den Erkundungsarbeiten kam es vor, daß der Barytgang — zeigte seine Mineralisation diese Ausbildung — beim Anschießen, auch bei entsprechenden Vorkehrungen, sofort zu Bruch ging. Verbleibt die Verdrängung des Barytes durch den Quarz noch im Anfangsstadium, so liegt wohl eine verquarzte, im allgemeinen jedoch noch recht standfeste Barytmasse vor.

Die Verdrängung des Barytes durch Quarz III nimmt in allen drei Barytlinsen mit der Teufe zu. Die Auffahrungen haben gezeigt, daß die Barytverquarzung in der SE-Linse erst unterhalb der 9. Sohle, in der mittleren Linse in verstärktem Maße unter der 8. und in der NW-Linse bereits im Bereich der 6. Sohle einsetzt. Vielleicht deutet die von NW nach SE schwach abtauchende „Quarzfront" auf einen primären Fazieswechsel; es scheint jedoch auch möglich, daß örtliche gangtektonische Eigenheiten während des Quarz-III-Absatzes eine gewisse Rolle spielten. Für letzteres spricht besonders die Tatsache, daß die Verquarzung sowohl in der mittleren als auch in der NW-Barytlinse teilweise in noch höhere Lagerstättenbereiche, und zwar vornehmlich im liegenden Teil der Linsen, vordrang (s. Abb. 3).

Der altersmäßig unmittelbar folgende, nur durch geringe tektonische Störungen vom Quarz III getrennte Quarz IV tritt mengenmäßig ganz untergeordnet auf. Er ist im allgemeinen glasklar bis schwach grau gefärbt

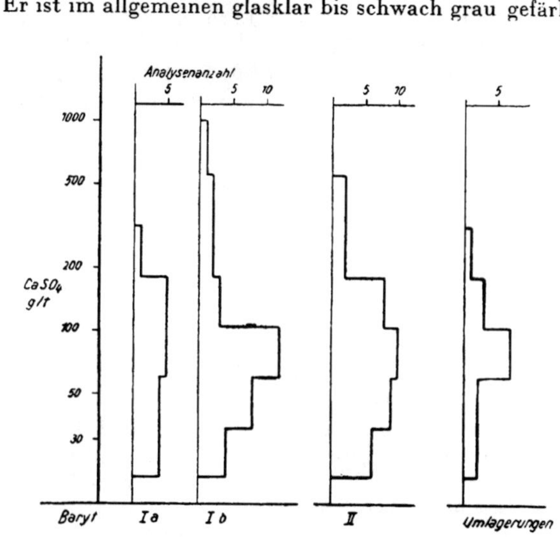

Abb. 8. Die Gehalte an $CaSO_4$ in den Barytgenerationen des Baryt-Quarz-Ganges am Schneckenstein

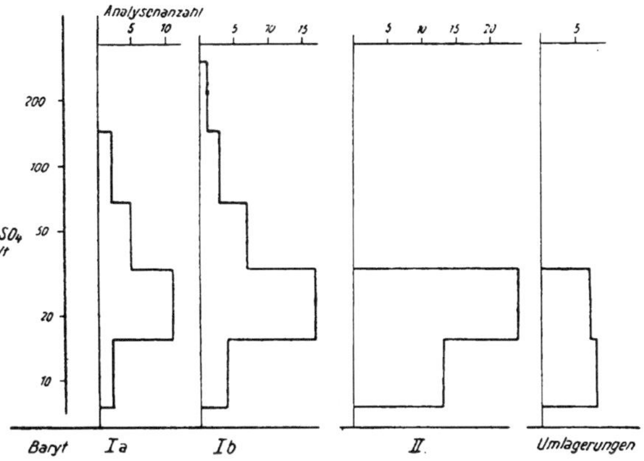

Abb. 9. Die Gehalte an $PbSO_4$ in den Barytgenerationen des Baryt-Quarz-Ganges am Schneckenstein

und durchsetzt in kleinen Trümchen als jüngste primäre Abscheidung alle anderen Gangmineralien.

Kleine, auf offenen Spältchen im Gang aufsitzende Quarzkristalle zählen zu den umgelagerten Mineralsubstanzen.

Eisenglanz und Manganoxyde

Sowohl Oxyde als auch Sulfide treten nur in äußerst geringen Mengen auf. Eisenglanz ist extensiv ziemlich verbreitet, erreicht allerdings in keinem Fall eine intensive Anreicherung. Er tritt ausschließlich in der Erstparagenese der Quarz-Baryt-Mineralisation auf und ist die Ursache der mehr oder weniger in Erscheinung tretenden Rotfärbung der Quarzgenerationen I und II und der Baryte Ia und Ib. Im Bereich supergener Einwirkungen setzt sich Eisenglanz leicht zu Limonit um.

Vermutlich wurden mit Eisenglanz auch Manganoxyde primär abgeschieden. Eine intensive erzmikroskopische Suche nach ihnen erfolgte noch nicht, so daß ihr Vorkommen nicht gesichert ist. Da als junge supergene Umlagerungsprodukte jedoch noch andere Manganminerale (Hollandit und Lithiophorit) auftreten und die Frage der Herkunft ihres Manganinhalts offensteht, ist die Schlußfolgerung, daß primäre Manganminerale auftreten, natürlich nicht unberechtigt. Eine andere Frage ist, inwieweit die im zu Limonit umgewandelten Eisenglanz primär vorhandenen Mangangehalte ausreichen, um sekundäre Manganminerale entstehen zu lassen. Auch diese Herkunft des Mangans liegt im Bereich des Möglichen.

Kupferkies und Bornit

Noch weit seltener als Eisenglanz, vor allem auch ohne irgendeine extensive Verbreitung, treten Kupfereisensulfide, und zwar Kupferkies und Bornit, auf. Sie finden sich ausnahmslos in Form kleiner Flitterchen im Baryt II und deuten an, daß das Oxydationspotential in diesem Stadium gegenüber den Erstabscheidungen gesunken ist. Von kleinen Klüftchen aus wird Bornit zum Teil in Kupferglanz und dieser verschiedentlich in Covellin umgewandelt. In der Zone oxydierender Einflüsse erfolgen Umsetzungen dieser Sulfide zu Malachit und Limonit.

Hollandit und Lithiophorit

Im oberen Teufenbereich der Lagerstätte wurden an wenigen Stellen innerhalb zersetzter Baryt-Quarz-Massen supergene Mineralbildungen gefunden, die sich erzmikroskopisch als zwei eng miteinander verwachsene Manganmineralien erwiesen. Röntgenographische Untersuchungen ergaben, daß es sich bei dem einen um ein Mineral aus der Reihe Kryptomelan-Hollandit-Coronadit und bei dem anderen um Lithiophorit $(Al, Li)(OH)_2 \cdot MnO_2$ handelt[1]). Nach der Paragenese zu urteilen, wird bei dem Mineral aus der Psilomelanreihe Hollandit $(Ba_2Mn_8O_{10})$ in Frage kommen.

Hollandit ist recht hart, gut schleifbar, hat unter dem Mikroskop gegenüber Lithiophorit ein deutlich höheres R und eine geringe Bireflexion. Die Anisotropieeffekte sind deutlich. Lithiophorit besitzt eine geringere Härte, läßt sich aber gleichfalls gut schleifen. Auffällig sind seine hohe Bireflexion und seine starke Anisotropie. Die Dunkelstellung ist durch einen schwach violettfarbenen Ton ausgezeichnet. Beide Mineralien bilden büschelförmige, zum Teil miteinander verfilzte Aggregate und zeigen die für Gelbildungen typischen Auslöschungserscheinungen (Sphärolithenkreuz). Auch makroskopisch ist der Gelcharakter durch die glaskopfähnliche Form der Aggregate erkennbar.

Genese

Die Mineralisation des Quarz-Baryt-Ganges am Schneckenstein entstammt Restlösungen eines varistischen Granites. Es ist auffällig, daß in der Paragenese praktisch kein Fluorit, auch nicht in größerer Teufe, auftritt. Der primäre Teufenunterschied in der Lagerstätte wird ausschließlich durch die Verdrängung des Baryts durch Quarz angezeigt. Wertet man den Chemismus der gesamten Abscheidungen genetisch, so ist anzunehmen, daß die Restlösungen einem recht alten varistischen Granit, wahrscheinlich der Hauptintrusion des Karlovy Vary—Eibenstocker Granites, entstammen. Bei dieser Überlegung wird die Hypothese, daß die Fluorkonzentration in den Restlösungen der ältesten Granite recht gering war und erst im Verlaufe der Magmendifferentiation bis zu den jungen Zinngraniten zunahm, als richtig vorausgesetzt. Natürlich ist die in den Restlösungen auftretende Ca-Konzentration für eine CaF_2-Bildung gleichfalls von Bedeutung. Sie ist aber im hiesigen Fall sehr wahrscheinlich nicht das die Fluoritabscheidungen regulierende Element.

Die annähernd gleich hohen, im Durchschnitt 2,74 und 2,56% betragenden $SrSO_4$-Gehalte in den Baryten Ia und Ib (s. Abb. 7) lassen vermuten, daß sowohl die Ba-Sr-Konzentration in der hydrothermalen Lösung als auch die Temperaturen der Lösung während dieser Zeit gleich waren. Die Paragenese des Barytes Ia mit Hämatit weist allerdings darauf hin, daß die Lösungen zu Beginn der Abfolge ein höheres Oxydationspotential besaßen als gegen deren Ende. Durch die Anwesenheit von Hämatit als Indikatormineral für das Redoxpotential werden auch die in einigen Fällen relativ hohen $PbSO_4$-Gehalte der Baryte Ia und b (s. Abb. 9) deutbar. Anscheinend läßt sich die $PbSO_4$-Führung eines Barytes nur mittelbar für die Lösung der Frage, ob im Gefolge dieser Barytausscheidungen noch PbS-Absatze zu erwarten sind, verwenden. Im vorliegenden Fall wird angezeigt, daß die zum Teil hohen $PbSO_4$-Gehalte der Baryte Ia und Ib und der konsequent niedrige des Barytes II ausschließlich durch das jeweilig herrschende Oxydationspotential verursacht wurden. Die wahrscheinlich auch während des Baryt II-Absatzes in den Lösungen vorhandenen geringen Pb-Gehalte kamen nur zu einem Teil als $PbSO_4$, zu einem anderen aber — in Paragenese mit den wenigen anderen Sulfiden — vermutlich als Bleiglanz, der allerdings erzmikroskopisch noch nicht nachgewiesen wurde,

[1]) Die röntgenographische Untersuchung führte Herr Dipl.-Min. G. Fiedler, Zentraler Geologischer Dienst, Berlin, aus.

zur Abscheidung. GUNDLACH (1959) gibt hierzu an, daß $PbSO_4$-Gehalte in Baryten ausschließlich in umgelagerter Barytsubstanz Bedeutung erhalten können. Dieser Vorstellung ist nicht ohne weiteres zuzustimmen. Ausschlaggebend ist wohl doch das Oxydationspotential, d. h. die vorhandene SO_4^{2-}-Aktivität.

Der gegenüber dem Baryt Ia und Ib im Baryt II vorhandene deutlich höhere $SrSO_4$-Gehalt (im Durchschnitt 3,62%) läßt sich nur deuten, wenn angenommen wird, daß es sich bei den Lösungen, die den Baryt II zum Absatz brachten, um neue hydrothermale Zufuhren handelte. Da mit dem Baryt Ia und Ib Oxyde, mit dem Baryt II Sulfide (wenn auch in geringer Menge) auftreten und da in den gut untersuchten Freiberger Barytparagenesen die jüngere und metallführende gleichfalls höhere $SrSO_4$-Gehalte besitzt als die ältere, die zusammen mit Hämatit und Pechblende auftritt, erscheint die Schlußfolgerung, daß im Schneckensteiner Vorkommen die Baryte Ia und Ib der Roteisen-Baryt-Formation zuzuordnen sind, der Baryt II aber der fba-Formation zugehört, gerechtfertigt.

Die in den Baryten vorhandenen $CaSO_4$-Gehalte liegen in allen Generationen gleich niedrig, etwa zwischen 50 und 200 g/t (s. Abb. 8). Damit wird für die Lösungen offenbar eine recht geringe Ca-Konzentration angezeigt; jedenfalls lagen nicht solche Abscheidungsbedingungen vor, die einen Einbau größerer Mengen zuließen.

Daß die $SrSO_4$-, $CaSO_4$- und $PbSO_4$-Gehalte im Baryt in erster Linie nicht temperaturabhängig, sondern von den in der Lösung vorhandenen Konzentrationen abhängig sind, zeigen die entsprechenden Gehalte in den umgelagerten Baryten. Während besonders für die $SrSO_4$-Gehalte bei den primären Barytgenerationen ausgesprochen eng begrenzte Gehaltsfelder vorhanden sind, streuen die Gehalte in den umgelagerten Baryten erheblich; sie betragen dort bis zu 4,4%. Gerade diese Streuung scheint besonders auf die ausschlaggebende Rolle der hier örtlich wechselnden Konzentrationsverhältnisse bei der Mischkristallbildung hinzuweisen.

Wenn die Ba-Sr-Konzentration in der Lösung allerdings konstant gehalten wird, besteht eine unmittelbare Abhängigkeit des $SrSO_4$-Einbaus in die Baryte von der Temperatur der Lösung. Auf die funktionalen Zusammenhänge hat neuerdings CAMPBELL (1959), der experimentelle Untersuchungen von GOLDSCHMIDT (1938) und GORDON u. a. (1954) auswertete, aufmerksam gemacht. Eine Zusammenstellung der gesamten Baryt Ib-Proben vom Schneckenstein nach ihrer Bildungstiefe ergibt eindeutig eine Zunahme der $SrSO_4$-Gehalte nach der Teufe (Abb. 10). Die im oberen Teufenbereich relativ steil, in größeren Teufen nur noch flach ansteigende Kurve ist nur deutbar, wenn man einen Einfluß der Temperatur auf den $SrSO_4$-Einbau im Baryt annimmt. Allerdings muß dabei vorausgesetzt werden, daß während des Absatzes dieser einen primären Barytgeneration im gesamten Teufenbereich gleiche Konzentrationsverhältnisse geherrscht haben. Da offenbar nichts dagegen spricht, lassen sich in diesem Fall gleiche $SrSO_4$-Gehalte im Baryt als Isothermallinien des Lagerstättenbereichs verwenden.

Die Baryt Ib-Proben aus Schürfen von über Tage liegen mit ihren $SrSO_4$-Gehalten bei 1—2%, d. h. bedeutend niedriger als jene von der 6., 8. und 9. Sohle. Da $SrSO_4$ leichter löslich ist als $BaSO_4$, besteht die

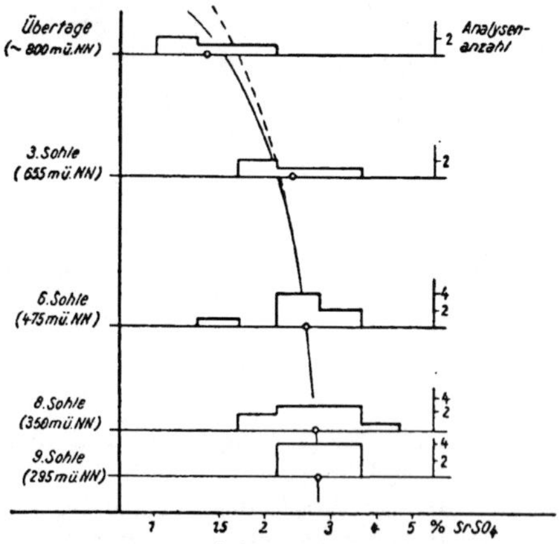

Abb. 10. Die Gehalte an $SrSO_4$ im Baryt Ib des Baryt-Quarz-Ganges am Schneckenstein in Abhängigkeit von der Bildungstiefe

Möglichkeit, daß zusätzlich zu der geringen Menge des primär eingebauten $SrSO_4$ — hervorgerufen durch niedrige Bildungstemperaturen — noch eine sekundäre Beeinflussung durch Oberflächenwässer (selektives Inlösunggehen des $SrSO_4$) stattfand. Diese sekundäre Verarmung an $SrSO_4$ kann allerdings, gemessen an dem Temperatureffekt, keine allzu große Bedeutung haben. Auch BUSCHENDORF, RICHTER & WALTHER (1957) stellten eine Zunahme der $SrSO_4$-Gehalte im Baryt der gleichen Generation mit der Teufe fest. Beim Schneckensteiner Vorkommen ist äußerst günstig, daß 660 m Saigerhöhe — ein Teufenbereich, der im allgemeinen bei Barytvorkommen selten aufgeschlossen vorliegt — erfaßt werden können.

Ökonomische Einschätzung des Barytvorkommens

Obgleich die Erkundungsarbeiten auf Grund der technischen Situation nur auf wenigen Sohlen durchgeführt und die drei Barytlinsen nur an relativ wenigen Punkten mit Querschlägen durchörtert wurden, konnten infolge Erkennung einer Reihe wichtiger lagerstättengenetischer Gesetzmäßigkeiten Vorräte der Klasse C_2 berechnet werden.

Durch selektiven Abbau sind Reduzierspatqualitäten zu gewinnen, die nicht aufbereitet zu werden brauchen. Da jedoch die Lagerstättenvorräte bei dieser Verfahrensweise zu wenig ausgenutzt werden, erscheint es vorteilhafter, das gesamte Gangmaterial zu gewinnen und aufzubereiten. Erste Versuche ergaben, daß durch Klaubung mit anschließender Anreicherung des Grobgutes auf Setzmaschinen und Flotation des Feingutes auf jeden Fall Reduzierspatqualitäten mit über 80—85% $BaSO_4$ erhalten werden. Von den auf ihren Weißwert untersuchten Proben entfallen 52% auf die Kategorie F_2—F_5 (Flußspat-Schwerspat-Instruktion 1958). Da die Industrie Farbspäte dringend benötigt, wird sich ein selektiver Abbau nach diesem Gesichtspunkt möglicherweise als günstig erweisen. Bleichungsversuche haben ergeben, daß bei Verwendung von 20%iger HCl eine bedeutende Verbesserung des Weißwertes zu erzielen ist. Es kann somit aus dem Schneckensteiner Vorkommen nach entsprechender Aufbereitung und Bleichung eine nicht unbeträchtliche Menge Farbspatmaterial gewonnen werden. Da die Barytvorräte nicht unbedeutend sind, erscheint die Errichtung einer Aufbereitung und die Bleichung des Barythaufwerks zur Erzielung guter

Reduzierspat- und mittlerer bis schlechter Farbspatqualitäten angebracht.

Zusammenfassung

Nachdem auf die genetische Stellung der im Gebiet der Deutschen Demokratischen Republik auftretenden Barytvorkommen eingegangen wurde, werden die geologische Position, die tektonischen Verhältnisse und die Paragenese der Mineralien des neu erkundeten Barytvorkommens am Schneckenstein behandelt.

Eingehende geochemische Untersuchungen an drei Barytgenerationen ergaben wichtige Schlußfolgerungen für die Genese des Vorkommens. Die Vorratsberechnung wies bedeutende C_2-Vorräte an Reduzierspat nach. Durch Aufbereitung und Bleichung des Barythaufwerks können gute Reduzierspat- und mittlere bis schlechte Farbspatqualitäten erhalten werden.

Резюме

Обсудив генетическое положение встречающихся в ГДР баритовых месторождений, излагаются геологическая позиция, тектоническая обстановка и парагенезис минералов новоразведанного баритового месторождения в районе Шнекенштейн.

Обстоятельные геохимические исследования трех поколений барита дали важные выводы насчет генезиса. Подсчет запасов показал, что имеются значительные запасы восстановительного шпата категории C_2. Путем обогащения и обеления добытого барита удаются хорошие качества восстановительного шпата и средние до плохие качества цветного шпата.

Summary

After dealing with the genetic position of barite occurrences in the territory of the German Democratic Republic, a description is given of the geological position, tectonic conditions and paragenesis of minerals found in the newly explored Schneckenstein barite occurrence.

Important conclusions as to the genesis of the occurrence were obtained by comprehensive geochemical investigations of three barite generations. Considerable C_2 reserves of reduction spar were shown by the reserve calculation. High quality reduction spar and medium to poor quality coloured spar are obtainable by preparation and bleaching of the barite rock pile.

Literatur

BAUMANN, L.: Tektonik und Genesis der Erzlagerstätte von Freiberg (Zentralteil). — Freib. Forsch.-H., C 46, 1958.

BRÜNING, C., & S. OTT: Ergebnisbericht über die geologischen Erkundungsarbeiten im Schwerspatbergwerk „Krummer Weg" bei Kelbra/Kyffh. — Akten des ZGD, 1960.

BUSCHENDORF, F., M. RICHTER & H. W. WALTHER: Die Blei-Zink-Erzvorkommen des Ruhrgebietes und seiner Umrandung. — Beih. Geol. Jb., H. 28, Hannover 1957.

CAMPBELL, F. A.: The Geology of Torbrit Silver Mine. — Econ. Geol., 54, 1461—1495 (1959).

GUNDLACH, H.: Untersuchungen zur Geochemie des Strontiums auf hydrothermalen Lagerstätten. — Geol. Jb., 76, 637—712 (1959).

LEEDER, O.: Geochemisch-paragenetische Untersuchungen an den Schwerspatgängen von Könitz. — Dipl. Arb., Halle 1957, unveröff.

LINDOW, J.: Vergleichende spektrochemisch-paragenetische Untersuchungen an den Schwerspatgängen von Stolberg—Rottleberode/Harz und Kelbra/Kyffh. — Dipl.-Arb., Halle 1958, unveröff.

MÜLLER, H.: Die Erzgänge des Freiberger Bergrevieres. — Erl. d. Geol. Spez.-Karte von Sachsen, 1901.

OELSNER, O. W.: Die Abhängigkeiten der Paragenesen erzgebirgischer Lagerstättenbezirke vom Intrusionsalter der zugehörigen Granite. — Freib. Forsch.-H., H. 8, 24—34, 1952 [1952a].

— Die pegmatitisch-pneumatolytischen Lagerstätten des Erzgebirges mit Ausnahme der Kontaktlagerstätten. — Freib. Forsch.-H., H. 9, 1952 [1952b].

— Zur Frage der Entstehung des saxonischen Lagerstätten, speziell auf den Randspalten des Thür. Waldes. — Geologie, 5, 685—694 (1956).

PRATZKA, G.: Zur Paragenese der Flußspat-Schwerspat-Lagerstätte Hühn/Trusetal am SW-Rand des Thür. Waldes. — Z. angew. Geol., 5, 27—34 (1959).

RICHTER, P.: Ergebnisbericht über die Erkundungsarbeiten auf Schwerspat im Objekt Schneckenstein im Vogtland. — Akten des ZGD, 1960.

SCHRÖDER, M.: Erläuterungen zur geologischen Spezialkarte des Königreiches Sachsen, Blatt Falkenstein Nr. 144. — 1908.

TISCHENDORF, G.: Paragenetische und tektonische Untersuchungen auf Gängen der fluorbarytischen Bleiformation Freibergs, insbesondere am Halbrückener Spat. — Freib. Forsch.-H., C 18, 1955.

— Zur Genesis einiger Selenidvorkommen, insbesondere von Tilkerode im Harz. — Freib. Forsch.-H., C 69, 1959.

ULBRICH, H.: Untersuchung des Eisenmanganerz-Schwerspatvorkommens von Schmalkalden. — Dipl.-Arb., Bergakademie Freiberg 1957, unveröff.

WERNER, C.-D.: Geochemie und Paragenese der saxonischen Schwerspat-Flußspat-Gänge im Schmalkaldener Revier. — Freib. Forsch.-H., C 47, 1958.

ZIMÁNYI, K.: Über zwei Baryte vom Comitat Gömör. — Z. Krist., 24, 162—166 (1908).

Instruktion zur Anwendung der „Klassifikation der Lagerstättenvorräte fester mineralischer Rohstoffe" auf Flußspat- und Schwerspatlagerstätten der DDR. — Z. angew. Geol., 4, 284—291 (1958).

Metallometrische Untersuchungen für die geologische Erkundung[1)]

A. S. SCHIROKOW & A. A. KOWALJOWA, Moskau

Die Mitarbeiter der der Hauptverwaltung für Geophysik des Ministeriums für Geologie und Lagerstättenschutz unterstellten Institutionen hatten von den geochemischen Methoden zur Erkundung nutzbarer Bodenschätze vor allem die Metallometrie — von lockeren Ablagerungen werden zahlreiche Proben genommen und spektralanalytisch untersucht — in größerem Maße angewandt. Von 1948 bis 1955 stieg der Umfang dieser Arbeiten bei den geophysikalischen Organisationen des Ministeriums auf das 75fache, und insgesamt wurden etwa 19 Mill. Proben untersucht.

Diese außerordentlich verstärkte Anwendung war durch die Intensivierung der Erkundung von Buntmetallen und seltenen Metallen sowie durch den großen Nutzeffekt der Methode, ihre relative Billigkeit und die Möglichkeit bedingt, mit ihr große Flächen in verhältnismäßig kurzer Frist zu erforschen.

Metallometrische Aufnahmen wurden mit Erfolg bei der Erkundung von Buntmetallagerstätten und Lagerstätten seltener Metalle sowie verschiedener nichtmetallischer nutzbarer Bodenschätze in vielen Gebieten Zentralkasachstans, Mittelasiens, des Altais, West- und Ostsibiriens, des Fernen Ostens, im Ural, Kaukasus usw. angewandt. Diese Gebiete sind jedoch geochemisch sehr ungleichmäßig untersucht.

Die Mehrzahl der geochemischen Untersuchungen wurde vom Mittelasiatischen Geophysikalischen Trust in Kasachstan und Mittelasien durchgeführt. Die metallometrischen Erkundungsaufnahmen im Maßstab 1 : 50000 bis 1 : 25000 erfaßten hier bereits eine Fläche von 109000 km². Davon entfallen 80000 km² auf Zentralkasachstan, 6000 km² auf den Altai, 8000 km² auf die nordwestlichen Ausläufer des Transili-Alatau, 10000 km² auf das Karatau-Gebirge und 5000 km² auf Mittelasien. Insgesamt wurden etwa 11 Mill. Proben analysiert.

In letzter Zeit werden vom Mittelasiatischen Geophysikalischen Trust durch metallometrische Aufnahmen im Maßstab 1 : 50000 bis 1 : 25000 jährlich 30000—35000 km² erfaßt und 2,5—3 Mill. Proben analysiert.

Vom Fernöstlichen Geophysikalischen Trust wurden in den Gebieten von Transbaikalien, Primorje und Chabarowsk etwa 50000 km² (im Transbaikalgebiet etwa 30000 km², in Primorje über 10000 km² und in der Region Chabarowsk über 8000 km²) in den Maßstäben 1 : 100000 bis 1 : 25000 metallometrisch erkundet.

1) Aus: KRASNIKOW, W. I.: „Geochemische Erkundung von Erzlagerstätten in der UdSSR". — Gosgeoltechisdat, Moskau 1957, S. 202—209. Übers.: QUAST

Der Sibirische und der Zentrale Geophysikalische Trust führten wesentlich weniger metallometrische Arbeiten durch. Der Sibirische Trust hat durch Aufnahmen im Maßstab 1 : 100000 bis 1 : 25000 im Altai, Kusnezker Alatau, Salair-Gebirge und in der Burjat-Mongolischen ASSR eine Fläche von 15000 km², davon etwa 10000 km² im Jahre 1955, erfaßt. Vom Zentralen Trust wurden bis einschließlich 1955 metallometrische Aufnahmen im Kaukasus hauptsächlich im Maßstab 1 : 10000 und größer vorgenommen. Die erkundete Fläche betrug hier ca. 1500 km².

Der Geophysikalische Trust für das Uralgebirge und der Westliche Geophysikalische Trust führten vorläufig nur versuchsweise metallometrische Untersuchungen durch. So werden im Uralgebirge seit dem Jahre 1951 die Anwendungsmöglichkeiten der Metallometrie als eine bis ins einzelne gehende Methode beim Aufsuchen von Kupferkieslagerstätten erprobt. Der geringe Umfang dieser Arbeiten ermöglichte jedoch bisher keine klare Antwort. Eine wirksame Anwendung der metallometrischen Methode beim Aufsuchen anderer nutzbarer Bodenschätze im Uralgebirge sowie in den Gebieten Kareliens und der Halbinsel Kola ist ebenfalls noch nicht möglich.

Die Organisationen der Hauptverwaltung Geophysik haben von 1948—1955 insgesamt mehr als 160000 km² metallometrisch erkundet. Diese Fläche beträgt jedoch höchstens 3—4% der Gebiete der Sowjetunion, die in erster Linie für metallometrische Aufnahmen in Betracht kommen. Die metallometrischen Aufnahmen werden zusammen mit den geophysikalischen Untersuchungen durchgeführt und gliedern sich in Rekognoszierungs-, Erkundungs- und Spezialaufnahmen.

Zur Aufgabe der metallometrischen Rekognoszierungs- (Übersichts-) aufnahmen gehört die Ermittlung der lagerstättenkundlichen Gesamtaussichten wenig erforschter Gebiete, um festzustellen, ob eingehendere Sucharbeiten zweckmäßig sind. Rekognoszierungsaufnahmen erfolgen gewöhnlich quer zu den wichtigsten geologischen Strukturen. Manchmal werden die Profile zur Feststellung von Dispersionsströmen der gesuchten Elemente entlang Flußnetzen angeordnet.

Die Abstände zwischen den Probenahmepunkten werden so gewählt, daß das ganze lithologisch-stratigraphische Profil des Gebiets erforscht werden kann. Diese Abstände sind gewöhnlich nicht größer als 50—100 m (vgl. Tab.).

Die Probeentnahmepunkte werden nach Augenmaß in die Geländekarte im Aufnahmemaßstab oder in eine Karte größeren Maßstabes eingetragen.

Das Ergebnis der von der Turlansker Geophysikalischen Expedition im nordwestlichen und südöstlichen Teil des Karatau-Gebirges durchgeführten Rekognoszierungsaufnahmen waren eine negative Beurteilung des nordwestlichen Teils des Gebirges und der Vorschlag,

Tab. Maßstäbe der metallometrischen Aufnahmen

Art der Aufnahmen	Maßstab der Aufnahme	Mittlerer Abstand zwischen den Profilen in km	Abstand zwischen den Probenahmepunkten in m	Dichte der Probenahmepunkte auf 1 km²
Rekognoszierungsaufnahmen	1 : 1000000	10	100	1
	1 : 500000	5	100	2
	1 : 200000	2	100—50	5—10
Erkundungsaufnahmen	1 : 100000	1	100—50	10—20
	1 : 50000	0,5	50	40
	1 : 25000	0,25	50—20	80—200
Spezialaufnahmen	1 : 10000	0,1	20	500
	1 : 5000	0,05	20—10	1000—2000
	1 : 2000	0,02	10	5000
	1 : 1000	0,01	5	20000

die Bleilagerstätten im südöstlichen Teil des Gebirges eingehender zu erkunden. Die darauffolgenden, im Maßstab 1:50000 ausgeführten Arbeiten führten zur Entdeckung zahlreicher Bleierzvorkommen im Gebiet von Tjulkubas (Südostteil des Gebirges).

Da die geophysikalischen Organisationen die Erkundungen hauptsächlich in Erzbergbaugebieten durchführen, in denen durch vorangegangene Untersuchungen der Erfolg ziemlich sicher war, haben die metallometrischen Rekognoszierungsaufnahmen bei der Hauptverwaltung Geophysik keine große Verbreitung gefunden. Bei der Durchführung von Schürf- und Kartierungsarbeiten in weniger erforschten Gebieten muß jedoch diese Art der metallometrischen Aufnahme in großem Maße angewandt werden.

Aufgabe der metallometrischen Erkundungsaufnahmen ist die Entdeckung neuer Lagerstätten nutzbarer Bodenschätze durch Feststellung erhöhter Gehalte entsprechender Elemente in Lockergesteinsablagerungen.

Die metallometrische Erkundung erfolgt nach einem gleichmäßigen Profilnetz. Die Abstände der Profile sind vom Maßstab der Aufnahme abhängig (vgl. Tab.), die Abstände zwischen den Probenahmepunkten betragen 20 bis 50 m. Der Maßstab der Erkundung (1:25000, 1:50000, 1:100000) wird durch die geologische Struktur des Gebiets, die Ausmaße der industriell interessierenden Lagerstätten und ihrer Dispersionshöfe von geomorphologischen und anderen Faktoren bestimmt. In Gebieten mit komplizierter geologischer Struktur und einem scharf gegliederten Gebirgsrelief sowie bei einer Erkundung der Abbauwürdigkeit von Lagerstätten geringen Ausmaßes wird der größte Erkundungsmaßstab (1:25000) gewählt (im Kaukasus und Mittelasien). Der verbreitetste Maßstab für diese Aufnahmen ist 1:50000. Metallometrische Erkundungen im Maßstab 1:100000 sind günstig in aussichtsreichen, aber wenig erforschten Gebieten.

Die Felder für die metallometrischen Sucharbeiten werden mit den örtlichen geologischen Organisationen ausgewählt. Die Ergebnisse der metallometrischen Aufnahmen werden auf Meßtischblättern eingetragen.

Wurden Dispersionshöfe der gesuchten Metalle oder in manchen Gebieten durch andere Methoden eine Höffigkeit festgestellt, so erfolgten eingehende metallometrische Aufnahmen.

Bestimmend für die Aussagesicherheit der festgestellten Dispersionshöfe sind der Typ des zu erforschenden Erzvorkommens, die zu erwartenden Abmessungen der Erzkörper, die Kompliziertheit des geologischen Baues der Lagerstätte und andere Faktoren.

Geschichtete Erzkörper, Stöcke, große Gänge und Linsen bilden gewöhnlich ausgedehnte Dispersionshöfe. Um hier den Ansatzpunkt der Lage von Erkundungsbauen zur Aufschließung nutzbarer Bodenschätze angeben zu können, genügt ein Einzeichnen des Dispersionshofes auf Karten im Maßstab 1:10000 oder 1:5000. Kleinere und kompliziert gebaute Erzkörper erfordern eine eingehendere Untersuchung. Eine Detailuntersuchung im Maßstab größer als 1:2000 wird jedoch selten durchgeführt.

Der Nutzeffekt der metallometrischen Aufnahmen

Die bei den metallometrischen Aufnahmen gesammelten Erfahrungen zeugen von deren Wichtigkeit bei der Erkundung von Buntmetallen und seltenen Metallen. Der Umriß der meisten bekannten Lagerstätten wurde erst durch metallometrische Aufnahmen endgültig bestimmt, und zahlreiche neue Lagerstätten und Erzvorkommen von Buntmetallen und seltenen Metallen konnten, zum Teil auf vorher mit den üblichen geologischen Methoden eingehend erforschten Feldern, festgestellt werden.

Die im folgenden beschriebenen Beispiele bestätigen den großen Nutzeffekt der metallometrischen Untersuchungen in den verschiedenen Gebieten.

1. In Transbaikalien wurde 1953 im Bezirk von Aleksawodsk mit Hilfe der Metallometrie auf einem Felde, das früher durch Schürf- und Kartierungsarbeiten im Maßstab 1 : 50000 erkundet worden war, die Bugdainsker Molybdänlagerstätte entdeckt.

2. Im Gebiet des Kleinen Chingan konnten in den Jahren 1954—1955 durch metallometrische Aufnahmen die Bidshansker Zinnerzlagerstätten und mehrere kleine Zinnerzvorkommen festgestellt werden, die bei der hier durchgeführten Schlichaufnahme (= Methode des Aussicherns, d. Red.) übersehen worden waren.

3. Im Eisenerzgebiet an der Kurba in der Burjat-Mongolischen ASSR wurden bis 1954 nur magnetische Untersuchungen durchgeführt, da lediglich neue Eisenerzlagerstätten entdeckt werden sollten. Die im Jahre 1954 angewendete metallometrische Aufnahme führte in diesem Gebiet auf relativ kleinen Feldern zur Entdeckung der Malansker Molybdänlagerstätte, die gegenwärtig von der Geologischen Verwaltung Irkutsk erkundet wird.

4. Im Atasuisker Eisenerzgebiet gelang es mit Hilfe der Metallometrie, eine polymetallische Vererzung festzustellen, deren Abbauwürdigkeit gegenwärtig von der Geologischen Verwaltung Karaganda untersucht wird.

5. In Zentralkasachstan wurden in den letzten drei Jahren von den geophysikalischen Expeditionen über 50 Lagerstätten und Erzvorkommen von Buntmetallen und seltenen Metallen entdeckt und den geologischen Erkundungsorganisationen übergeben. 40 dieser Lagerstätten konnten durch metallometrische Aufnahmen auf früher mit geologischen Methoden im Maßstab 1 : 200000 bis 1 : 100000 erforschten Feldern festgestellt werden.

Jetzt beginnt man, die metallometrischen Aufnahmen auch beim Aufsuchen nichtmetallischer nutzbarer Bodenschätze und bei der geologischen Kartierung mit Erfolg anzuwenden.

Die Durchführung der Arbeiten

Bei solchen Massenuntersuchungen, wie sie die metallometrische Aufnahme erfordern — im Ministerium für Geologie und Lagerstättenschutz der UdSSR wurden bis 1955 jährlich 5—6 Mill. Proben analysiert, und für 1956 war die Entnahme bis zu 10 Millionen Proben vorgesehen —, gewinnt die Organisation der Arbeiten, die bei geringstem Aufwand an Zeit und Mitteln eine gute Qualität der auszuführenden Arbeiten gewährleisten muß, besondere Bedeutung.

Die moderne Organisation der metallometrischen Arbeiten sieht vor:

a) die Durchführung der metallometrischen Aufnahmen, kombiniert mit geologischen und geophysikalischen Methoden;
b) getrennte Ausführung der Arbeitsvorgänge. Da auf diese Weise dem technischen Personal der unteren und mittleren Grade ermöglicht wird, die entsprechenden Berufe schnell zu erlernen, ist eine hohe Arbeitsproduktivität gewährleistet.

Gegenwärtig gliedern sich die spektrometallometrischen Arbeiten in folgende Arbeitsgänge, die in der Regel von verschiedenen Mitarbeitern ausgeführt werden:

1. Entnahme der Proben
2. Probenvorbereitung:
   a) Zerkleinern und Verjüngen der Proben
   b) Zerreiben der Proben
3. Spektralanalyse:
   a) Vorbereitung der Elektroden
   b) Füllen der Elektroden mit den Proben
   c) Aufnahme der Spektren und Auswertung der Spektrogramme
   d) Deutung der Spektrogramme

Die in den letzten drei Jahren von den wissenschaftlichen Forschungsinstituten des Ministeriums und den Organisationen der Hauptverwaltung Geophysik durchgeführten Versuchsarbeiten bezüglich der Methodik und Technik der metallometrischen Untersuchungen ermöglichen heute eine wirtschaftlichere und wirksamere metallometrische Erkundung.

Eine Brigade, bestehend aus einem Kollektor und zwei Arbeitern, nimmt die Proben. In ariden Gebieten mit schwachentwickelter Pflanzendecke (Zentralkasachstan, Mittelasien) erfolgt die Probenahme direkt an der Erdoberfläche oder aus einer Tiefe von 15—20 cm. In Gebieten, in denen Podsol- und andere stark ausgelaugte Böden verbreitet sind (Ferner Osten, Sibirien, Kaukasus), werden die Proben aus einer Tiefe von 30—40 cm und noch tiefer entnommen. Unter normalen Verhältnissen kann eine Brigade bis zu 5000—6000 Proben je Monat entnehmen.

Das Gewicht der von den geophysikalischen Organisationen entnommenen Proben betrug bis jetzt 100—200 g. Eine neue Anweisung für die metallometrische Aufnahme sieht eine Herabsetzung des Probengewichtes bis auf 50 g und bei Entnahme schwachdispersen Materials bis auf 15—20 g vor.

Um die Zahl der Spektralanalysen zu verringern und somit die Arbeiten zu verbilligen, sieht die Instruktion eine Vereinigung der im Profil benachbarten Proben vor, wenn der Abstand zwischen den Probenahmepunkten nur einige Meter zählt. Zeigt jedoch die Spektralanalyse der Sammelprobe anomale Elementgehalte an, so müssen alle Einzelproben getrennt spektralanalytisch untersucht werden.

Daß eine Vereinigung benachbarter Proben bei der metallometrischen Erkundung von Bleilagerstätten im Maßstab 1 : 50000 und größer möglich ist, wurde durch Versuchsarbeiten der Transbaikalischen Geophysikalischen Expedition in den Jahren 1954—1955 bewiesen. Die Erkenntnisse und Vorschläge dieser Expedition müssen nun auch in anderen Gebieten sowie bei der Erkundung zahlreicher Elemente überprüft werden und bei einem positiven Ergebnis vor allem in den Produktionsbetrieben eingeführt werden.

Bearbeitung der Proben

Bevor die Proben an das Spektrallabor eingesandt werden, werden sie gewöhnlich auf dem Stützpunkt der metallometrischen Abteilung getrocknet, auf einem 1—0,5-mm-Sieb durchgesiebt und bis auf 15—20 g verjüngt.

Im Spektrallabor erfolgte bisher das Zerreiben der Proben (bis $< 0{,}1$ mm Korngröße) in Porzellanmörsern mit der Hand. Die Verwendung einer Zerreibmaschine wird diesen Arbeitsgang beschleunigen (durchschnittliche Leistung beim Zerreiben von Hand 100—120 Proben je Arbeiter und Schicht; mit der Maschine können 500—600 Proben pro Schicht bearbeitet werden).

1954 schlug I. S. ZIGELMAN, ein Mitarbeiter des Leningrader Berginstituts, vor, bei Untersuchungen der metallometrischen Proben auf Blei das sogenannte vereinfachte Verfahren anzuwenden. Nach diesem Verfahren werden die Proben mit einem Sieb von 0,1 mm Maschenweite abgesiebt, wodurch das Zerreiben und Vierteln der Proben entfällt.

Neben den offensichtlichen Vorzügen weist diese Methode auch Mängel auf. Ein Absieben der Proben durch ein Sieb von 0,1 mm Maschenweite ist im Gelände infolge Feuchtigkeit der Proben fast unmöglich, was einerseits den Arbeitsvorgang bremst und andererseits zu einer Verunreinigung der Proben führen kann. Weiterhin wurde festgestellt, daß die feine Körnung (< 0,1 mm) häufig arm an Blei, Molybdän und Wolfram ist. Da aber die Konzentration des gesuchten Elements im Dispersionshof bei der Beurteilung des Reviers nach den Ergebnissen der metallometrischen Aufnahme die Hauptrolle spielt, wirkt sich eine künstliche Verarmung durch diese vereinfachte Methode der Probenahme ungünstig aus.

Von allen Organisationen, die sich mit metallometrischen Erkundungen nutzbarer Bodenschätze befassen, müssen daher durch Untersuchung der Komponentenverteilung in den Dispersionshöfen die günstigsten Bedingungen für die Probenahme (Probenahmetiefe, Korngröße des Materials, Anfangsgewicht der Probe usw.) festgestellt werden.

Spektralanalyse

Die metallometrischen Proben werden hauptsächlich in den spektralanalytischen Feldlaboratorien untersucht. Bei den geophysikalischen Trusts bestehen zentrale Spektrallabors, die neben den Reihenanalysen methodische Versuche zur Vervollkommung der Spektralanalysenmethodik durchführen und die Arbeit der Feldlaboratorien kontrollieren.

Die Spektrallabors der Feldtrupps und Expeditionen sind mit ein bis drei Spektrographen ausgerüstet. In den meisten Laboratorien wird in zwei und während des Sommers sogar in drei Schichten gearbeitet. Durchschnittlich werden im Monat mit einem Spektrographen 15000 Proben, in einzelnen Fällen 25000—30000 Proben analysiert. Ende 1955 waren in den Organisationen der Hauptverwaltung Geophysik 85 Spektrographen ISP–22 und ISP–28 in Betrieb, mit denen jährlich 5—6 Millionen Proben spektralanalytisch untersucht werden.

Da auf Grund der bestehenden Organisation der Arbeiten die Ausführung der meisten Spektralanalysen im Gelände erfolgen kann, ist die Verwendung der Ergebnisse noch in derselben Feldsaison zur Überprüfung und eingehenden Untersuchung der festgestellten Dispersionshöfe möglich.

Zur Analyse der metallometrischen Proben verwendet man spektralreine Kohleelektroden von 6 mm ∅; bei der Bestimmung leicht flüchtiger Bestandteile werden jedoch Stahlelektroden benutzt.

Die Kohleelektroden werden mit Hilfe von Stahlbohrern zur Analyse vorgerichtet. Die Verwendung von Spezialbohrern gewährleistet die besten Abbrandverhältnisse. So garantiert der beim Fernöstlichen Geophysikalischen Trust verwendete Bohrer von I. I. SMOLJAK eine Konstanz der Kanaltiefe, seine zentrale Lage, ein Ausbohren der Stirnfläche, die erforderliche Dicke der Kanalwandungen sowie ein Ausbohren der Seitenöffnung in der unteren Elektrode, wodurch die Brennstabilität des Lichtbogens erhöht und ein Verspratzen der Probe vermieden wird.

Die Aufnahme der Spektren erfolgt auf 9 × 12 cm große Fotoplatten verschiedener Sorten, auf denen bei der üblichen Methodik 110—120 Spektren — Wellenlänge der Spektrallinien 2300—3600 Å — und bei Verwendung eines Stufenfilters oder eines rotierenden Sektors 48—64 Spektren unterzubringen sind. Die Verwendung von Diapositiv-Fotoplatten oder von Platten vom Typ NIKI mit einer Empfindlichkeit von 0,5—0,7 Einheiten nach GOST sichert eine maximale Empfindlichkeit und damit größte Genauigkeit der Analyse.

Bis 1955 wurde die Spektralanalyse der metallometrischen Proben auf 15—20 chemische Elemente (Cu, Zn, Pb, W, Mo, Ni, Cr, Sn, Bi, P, F, V, Mn, Hg, As u. a.) mit einer Stromstärke von 10—15 A und einer Belichtung von 60 sec durchgeführt. Werden die Proben nur auf einige Elemente spektralanalytisch untersucht, so wird die Belichtungszeit entsprechend der Verdampfungsfähigkeit dieser Elemente erhöht oder herabgesetzt.

Ausgehend von den vorhandenen Daten über die Metallogenese des Gebiets, werden für jedes Arbeitsobjekt zunächst die Elemente festgelegt, die spektralanalytisch untersucht werden sollen. Bei Aufnahmen in kleinen Maßstäben analysiert man die Proben auf die größte Zahl von Elementen.

Die bei der Spektralaufnahme angewandte Methodik gewährleistet eine Empfindlichkeit der Spektralanalyse von $3 \cdot 10^{-5}\%$ auf Hg; von $1-3 \cdot 10^{-4}\%$ auf Ag, Be, Cu, Mo; von $1 \cdot 10^{-3}\%$ auf Pb, Sn, Ni, V, Zn; von $1 \cdot 10^{-2}\%$ auf W, Ti, Cr; von $5 \cdot 10^{-2}\%$ auf P; von $1 \cdot 10^{-1}\%$ auf Mn.

Die Vorbereitung der Elektroden und das Stopfen der Proben in die Elektroden führen ungelernte Arbeitskräfte aus; die Aufnahme der Spektren und Auswertung der Spektrogramme leitet ein Laborant. Zunächst erfolgte die Auswertung der Spektrogramme hauptsächlich mit Hilfe einer Lupe von 8—10facher Vergrößerung. Jetzt wird meist zur Durchsicht der Spektrogramme das Mikroskop MIR–12, der Spektrenprojektor PS–18 und der doppelte Spektrenprojektor DSP–1 verwendet. Spektroskopie-Ingenieure werten unter Benutzung von Eichprobenspektren entsprechend dem Auftreten und der Stärke der Linien die Spektrogramme aus. Neuerdings wird in steigendem Maße die Methode der stufenweisen Abschwächung der Spektren angewandt, die eine schnelle, halbquantitative Bestimmung zahlreicher Elemente ermöglicht. Außerdem kann man auf diese Weise solche Elemente, bei denen die Methode des Auftretens der Linien infolge Armut des Spektrums an diesen Linien schwer anwendbar ist, spektralanalytisch untersuchen.

Zunächst werden die Spektrogramme qualitativ auf Pb, Cu, Zn, W, Mo, Sn, Be, As, Bi und andere Elemente durchgesehen. Danach erfolgt eine halbquantitative Auswertung der hauptsächlichsten, im Projekt der Sucharbeiten vorgesehenen Erzkomponenten (unabhängig davon, in welcher Menge sie in der Probe vorkommen) sowie der Elemente, die bei der qualitativen Durchsicht im Spektrogramm gefunden wurden.

Die Kosten je metallometrische Probe (Kosten für Probeentnahme, Bearbeitung und Spektralanalyse) betragen gegenwärtig im Durchschnitt: bei der Hauptverwaltung Geophysik 3,92 Rubel, beim Zentralen Trust 3,65 Rubel, beim Mittelasiatischen Trust 4,12 Rubel, beim Fernost-Trust 4,02 Rubel und beim Sibirischen Trust 3,07 Rubel.

Die sich bei den geophysikalischen Organisationen immer mehr durchsetzende kombinierte Untersuchung der entnommenen metallometrischen Proben ermöglicht, ohne zusätzliche Aufwendungen für Geländearbeiten neue, sehr interessante Ergebnisse zu erzielen.

Die in den Lockergesteinsablagerungen vorhandenen relativ stabilen Mineralien Magnetit, Titanomagnetit, Hämatit, Limonit, Pyrolusit, Hornblende, Augit und andere bestimmen die magnetischen, Uran und andere radioaktive Elemente die radioaktiven Eigenschaften der Gesteine. Die Ermittlung der magnetischen Suszeptibilität der metallometrischen Proben nach der 1952 von S. D. MILLER vorgeschlagenen Methode (der sogenannten Kappametrie) und die an den Proben durchgeführten Radioaktivitätsmessungen stellen ein zusätzliches, interessantes Material bei der Beurteilung der Beschaffenheit der Dispersionshöfe sowie für die geologische Kartierung und Erkundung dar.

Deutung der Ergebnisse metallometrischer Aufnahmen und ihre Auswertung

Die Ergebnisse der Spektralanalyse metallometrischer Proben werden auf Karten dargestellt. Die Gebiete erhöhter Elementkonzentrationen werden entsprechend den Ergebnissen der metallometrischen Aufnahmen im Maßstab 1 : 25000 und kleiner mit Linien umgrenzt. Diese Grenzen entsprechen jedoch nicht dem strengen Begriff der Linien gleicher Werte, so daß innerhalb des angegebenen Gebiets der hohen Gehalte einzelne Punkte mit niedrigerem Gehalt an den zu ermittelnden Elementen enthalten sein können. Nach diesen Karten werden, unter Berücksichtigung der vorhandenen geologischen und geophysikalischen Ergebnisse, die Gebiete ausgewählt, in denen eingehende metallometrische Aufnahmen, geologische, geophysikalische und andere Untersuchungen durchgeführt werden sollen.

Die von den Bereichen der metallometrischen Detailaufnahmen angefertigten Karten der Isokonzentrationen bilden — zusammen mit den Ergebnissen anderer Untersuchungen — die Grundlage für die Projektierung von Bohrarbeiten und für eine Einschätzung der Perspektiven des zu erforschenden Gebietes.

Bei der Auswahl der in erster Linie durch bergmännische Auffahrungen und Bohrungen zu erkundenden Objekte (Dispersionshöfe) wird denen der Vorzug gegeben, die die größte Ausdehnung und die höchsten Metallgehalte aufweisen. Geringe Metallgehalte in einem entdeckten Dispersionshof sind jedoch noch kein Beweis für eine Armut der mit ihm in Zusammenhang stehenden Vererzung. Eine richtige Einschätzung der Vererzung kann nur auf Grund einer allseitigen Berücksichtigung der Ergebnisse einer umfassenden Erforschung des Gebietes gegeben werden.

Die durch metallometrische Aufnahme festgestellten Dispersionshöfe von Erzkomponenten werden dann mit Hilfe von Bohrarbeiten und bergmännischen Erkundungsverfahren überprüft und erst bei Nachweis einer Vererzung im festen Gebirge und entsprechender Bewertung der geologischen Organisationen zur Durchführung weiterer Such- und Erkundungsarbeiten übergeben.

Die Unterlagen der metallometrischen Prospektionsaufnahmen werden in Übersichtskarten der Erzkomponentenverbreitung zusammengefaßt. Diese bilden eine wertvolle Grundlage bei der Herstellung metallogenetischer und prognostischer Karten sowie für die Wahl der Richtung der weiteren Sucharbeiten. Solche Karten im Maßstab 1 : 200000 werden von den Gebieten Zentralkasachstans (Geophysikalische Expedition Agadyrj) und des Karatau-Gebirges (Geophysikalische Expedition Turlan) aufgenommen und jährlich ergänzt. Mit der Herstellung ähnlicher Karten für die Gebiete Transbaikaliens wurde ebenfalls begonnen.

Die Unterlagen über die flächenmäßige Verteilung der verschiedenen Elemente, die paragenetischen Begleitmineralien und Assoziationen, die chemische und mineralogische Zusammensetzung der Lockergesteinsablagerungen werden in der geologischen Praxis noch nicht genügend ausgewertet. Sie müssen zur Lösung von Fragen der Lithologie, Stratigraphie, des Magmatismus, der Tektonik und Metallogenese des zu erforschenden Territoriums in umfassendem Maße herangezogen und bei der Herstellung geologischer Karten ausgewertet werden.

Für die weitere Entwicklung der metallometrischen Arbeiten ist erforderlich:

a) weitgehende Einführung metallometrischer Untersuchungen in allen geologischen Organisationen, die sich mit der Erkundung nutzbarer Bodenschätze befassen;

b) Erforschung der Verteilung der Erzkomponenten in den Dispersionshöfen in der Senkrechten, um für die verschiedenen Gebiete der UdSSR die günstigste Entnahmetiefe metallometrischer Proben festzustellen;

c) Untersuchung der Erzkomponenten in den verschiedenen Kornfraktionen der Lockergesteinsablagerungen;

d) Einführung aller Neuerungen, die eine Erhöhung der Arbeitsproduktivität und eine Verbesserung der Qualität der spektralanalytischen Arbeiten gewährleisten, in allen Spektrallabors der geophysikalischen Trusts und geologischen Organisationen;

e) obligatorische Laboruntersuchung der entnommenen metallometrischen Proben auf Radioaktivität und magnetisches Verhalten;

f) durch Zusammenarbeit von Mitarbeitern der wissenschaftlichen Forschungsinstitute und der Erkundungstrupps Ausarbeitung einer vollkommeneren Methodik der Spektralanalyse jener Bestandteile, deren CLARKE unter der erreichten Empfindlichkeit der Spektrenbestimmung dieser Elemente liegen;

g) in größerem Maße Auswertung der Ergebnisse der metallometrischen Aufnahmen zur Lösung der verschiedenen geologischen Aufgaben, besonders für die geologische Kartierung.

Zusammenfassung

Die Metallometrie, das von allen geochemischen Methoden am meisten bekannte Untersuchungsverfahren, konnte in der Sowjetunion bei der Suche nach Erzlagerstätten, aber auch beim Aufsuchen nichtmetallischer Bodenschätze und bei der geologischen Kartierung erfolgreich angewendet werden. Verfasser geben nun Hinweise auf den erforderlichen Maßstab der metallometrischen Erkundungsaufnahme und beschreiben an Hand von Beispielen Nutzeffekt und Durchführung der Arbeiten.

Резюме

Металлометрия, наилучше известный способ исследований из геохимических методов, с успехом была применена в СССР при поисках рудных месторождений, но и при поисках неметаллических полезных ископаемых и при геологической съемке. Авторы дают указания на целесообразный масштаб металлометрической поисковой съемки и описывают на основе примеров экономический эффект и практическое проведение работ.

Summary

In the Soviet Union metallometry, best known of all geochemical methods of investigation, in addition to the prospecting of ore deposits could also be successfully applied to that of non-metallic resources, as well as to geological mapping. The authors inform about the scale required for metallometric reconnaissance surveys and give examples to illustrate efficiency and execution of works.

W. A. NEWSKI, Moskau

Gesetzmäßigkeiten der Verteilung hydrothermaler Mineralisation in großen Brüchen und kleineren Bruchstörungen[1)]

Referiert von H.-J. TESCHKE, Berlin

Die Arbeit stellt die Auswertung und Zusammenfassung umfangreicher struktureller Untersuchungen an vorwiegend mittelasiatischen hydrothermalen Gang- und Kluftlagerstätten dar.

Der Autor geht zunächst von den allgemeinen mechanischen Voraussetzungen bei der Entstehung von Störungen und diesen zugeordneten Kluftzonen aus. Brüche sind meist gleichzeitig Zonen intensivster Gesteinsdeformationen. Allgemein werden in der Nähe einer Störung ein parallel zur Bruchfläche streichendes und ein zweites diagonal streichendes Scherkluftsystem beobachtet. Es wird angenommen, daß diese Kluftsysteme unter dem Einfluß eines Kräftepaares gebildet werden, das bei Bewegung der Gesteinsschollen an den tektonischen Bruchflächen entsteht. Darüber hinaus sind die bei der Schollenverschiebung unter dem Einfluß regionaler tektonischer Spannungen entstehenden Verformungen zu berücksichtigen, die sowohl in der Bruchzone als auch in größerer Entfernung davon zur Ausbildung kommen. Die zwischen den Kluftsystemen und der Streichrichtung der Hauptstörung bzw. zwischen den einzelnen Kluftsystemen untereinander gebildeten Winkel können in Abhängigkeit von den mechanischen Eigenschaften der Gesteine innerhalb weiter Grenzen schwanken. Es wird empfohlen, bei Kluftanalysen in Bruchzonen nicht ausschließlich von dem einfachsten Fall der Entstehung unter dem Einfluß eines Kräftepaares auszugehen, sondern vielmehr die allgemeine strukturelle Situation bei der Gesteinsdeformation zu berücksichtigen.

Im Zuge der Erkundungsarbeiten wurde empirisch festgestellt, daß die meisten hydrothermalen Erzlagerstätten nicht an große Brüche, sondern an relativ kleine Klüfte geknüpft sind, und zwar an solche, deren streichende Erstreckung zwischen einigen Dekametern und einigen Kilometern liegt. Über den Grund dieser Gesetzmäßigkeit wurden verschiedene Vermutungen geäußert. So ist von C. D. HULIN (1938) daran gedacht worden, daß stark wasserdurchlässige Gangletten auf den großen Störungen gegenüber den hydrothermalen Lösungen gleichsam als „Wasserstauer“ wirken und auf diese Weise eine Vererzung stark behindern. Das Beobachtungsmaterial scheint diese Erklärung zu bestätigen, wenn auch andererseits zu bedenken ist, daß Gangletten durchaus nicht immer als eine ununterbrochene Zone auftreten oder einen Gang in seiner ganzen Mächtigkeit füllen. Außerdem kann tonige Lettensubstanz der Ruschelzonen infolge ihrer Sorptionseigenschaften manchmal in einer schmalen Zone eine allerdings unbedeutende Metallmenge binden.

Demgegenüber stellen W. I. SMIRNOW & W. N. KOSERENKO (1940) sowie A. W. KOROLEW & W. E. POJARKOW (1953) eine andere Überlegung in den Vordergrund, nach der große Brüche sehr leicht durchlässige Zerrüttungszonen darstellen, auf denen eine außerordentlich schnelle und somit für die Vererzung ungünstige Zirkulation der Erzlösungen erfolgt. Umgekehrt ist in weniger aushaltenden und gewöhnlich nicht bis zur Oberfläche reichenden kleineren Klüften eine Zirkulation erschwert. Somit schaffen die großen Räume der Zerrüttungszonen Bedingungen, die eine Dispersion, nicht aber eine Konzentration der Vererzung begünstigen. Unter diesen Verhältnissen mag auch der von A. G. BETECHTIN (1949) erwähnte Einfluß des Sauerstoff-Partialdrucks beim schnellen Aufstieg hydrothermaler Lösungen an die Erdoberfläche eine gewisse Rolle spielen.

Unter den Bedingungen einer starken Zerruschelung größerer Gesteinsbereiche konnten sich nur solche Elemente stärker anreichern, die in einer großen Lösungsmenge transportiert wurden. Dazu gehören in erster Linie Kieselsäure und Eisen, die als Quarz bzw. Hämatit abgelagert wurden.

Die Stärke der Zerrüttung und der Durchlässigkeit hängt von zahlreichen geologischen Bedingungen, insbesondere von den mechanischen Eigenschaften des Nebengesteins, von der Teufe und den Verschiebungsbeträgen ab. Offenbar ist in relativ plastischen Gesteinen, aber auch in größeren Tiefen eine hohe Durchlässigkeit schwer zu erwarten. Stärker geöffnet sind solche Bereiche, in denen große Störungsflächen im Streichen oder Fallen stark abbiegen bzw. aufspalten und sich verzweigen. Unter sonst gleichen geologischen Verhältnissen sind flach einfallende Brüche im allgemeinen weniger durchlässig als steil einfallende.

Ob die erwähnten strukturellen Verhältnisse auch auf den Typ der Mineralisierung Einfluß haben, ist aus dem vorliegenden Material noch nicht mit Sicherheit zu ersehen. Trotzdem lassen sich in der Verteilung der Mineralisation in mehreren Stadien entstandener Lagerstätten gewisse allgemeine Tendenzen erkennen. Die frühesten Mineralisationsprodukte füllen gewöhnlich das ganze oder fast das ganze Kluftsystem einer Bruchzone aus. Die Vererzung beginnt auf der eigentlichen Bewegungsbahn der Störung sowie auf Spalten I. Ordnung und endet auf Klüften IV. und V. Größenordnung. Die spätere oder abschließende Vererzung ist gewöhnlich auf die kleineren Klüfte in wechselnder Entfernung von den größeren Störungen beschränkt. Häufiger hat sie die frühere Vererzung überlagert, seltener tritt sie in Form isolierter Konzentrationen auf.

Eine Analyse der geologischen Entwicklungsgeschichte großer Brüche ergibt, daß stärkere Bewegungen und die entsprechenden Gesteinsdeformationen in den meisten Fällen lange vor der hydrothermalen Vererzung erfolgten. Unmittelbar vor und während der Mineralisierung selbst waren die tektonischen Bewegungen an den Störungen dagegen allgemein gering.

Aus zahlreichen Untersuchungen geht hervor, daß die Bewegungsintensität von den frühen bis zu den späten Vererzungsstadien allmählich geringer wird. Allerdings kann diese allgemeine Gesetzmäßigkeit dann durchbrochen sein, wenn bereits intensive tektonische Bewegungen gleichsam als Vorläufer des neuen tek-

[1)] Aus: Trudy instituta geologitscheskich nauk, wyp. 162, serija rudnych mestoroshdenii, Nr. 17, S. 120–129, Moskau 1955.

tonischen Zyklus einsetzen. Gegen Ende der Lagerstättenbildung wurde die in einiger Entfernung von der Hauptstörung gelegene Kleinklüftung mehrfach erneut bewegt und geöffnet, während an den großen Störungsflächen diese Erscheinungen ganz oder fast fehlen. Nicht selten entstehen dabei dann auch neue, relativ kleine Klüfte. Demgegenüber sind zahlreiche Beispiele bekannt, wo recht mächtige Bruchzonen, die nach der Brekzienbildung und Mylonitisierung während der tektonischen Frühphasen verheilten, nicht wieder nennenswert reaktiviert wurden. Die genannten Beispiele zeigen, daß es ein generell gültiges Gesetz für die Entwicklung von Bewegungen auf Bruchzonen nicht gibt.

Die Gründe dafür, warum in vielen Fällen die später entstandenen relativ kleinen Klüfte und Zerrüttungszonen vorwiegend in einiger Entfernung von den großen regionalen Störungen entstehen, konnten noch nicht restlos geklärt werden. Möglich ist, daß während der Frühstadien der Vererzung die klaffenden Spalten innerhalb der Bruchzone durch Quarz u. a. Frühprodukte derart nachhaltig verheilt worden sind, daß bei Angriff späterer schwächerer Spannungen eine Neubelebung nur durch Bildung einer Kleinklüftung in den vorher noch nicht deformierten Bereichen möglich war.

Die Frage nach den Gesetzmäßigkeiten in der Anordnung hydrothermaler Vererzung in Brüchen und Kleinklüften stellt ein sehr komplexes und noch keineswegs gelöstes Problem dar. Um in dieser Richtung voranzukommen, ist eine genetische Klassifizierung der Bruchstörungen unumgänglich. Bei den in jedem Gebiet notwendigen Untersuchungen des tektonischen Baues und der Bildungsgeschichte jedes dieser Brüche sind Typus, Intensität und Umfang der Gesteinsdeformationen sowie die räumlichen und zeitlichen Entwicklungsgesetze der zu den Störungen gehörenden kleineren Klüfte zu klären. Nur auf dieser breiten Grundlage ist eine tiefere Kenntnis der Gesetzmäßigkeiten bei der Verteilung hydrothermaler Vererzungen zu erwarten.

Die Bedeutung der metasomatischen Überprägungen im Altai für die Prospektion[1]

M. S. BESSMERTNAJA, D. I. GORSHEWSKI & L. K. POSHARIZKAJA, UdSSR

Die Prozesse der metasomatischen Überprägung und die metasomatisch überprägten Gesteine von Blei-Zink-Lagerstätten des Rudni Altai wurden in den letzten Jahren in großem Umfange erforscht (KAJUPOW & SCHLYGIN 1957, KUREK 1940 und 1948, CHISAMUTDINOW 1956, SCHERBA 1957). BESSMERTNAJA & GORSCHEWSKI (1958) versuchten an Hand einer Reihe von gut erforschten Blei-Zink-Lagerstätten des Rudni Altai, einige allgemeine Gesetzmäßigkeiten in den Prozessen der metasomatischen Überprägung zu finden. Das Ziel der Verfasser ist nun, die Bedeutung der metasomatischen Überprägung in Verbindung mit anderen Anzeichen bei der Suche nach neuen Blei-Zink-Lagerstätten zu unterstreichen.

Die Erforschung der metasomatischen Überprägung kann bei der Lösung von zwei Aufgaben, die im Verlauf von Prospektions- und Erkundungsarbeiten auftreten, eine große Hilfe sein: bei der Klärung der allgemeinen Grenzen der Erzfelder und Lagerstätten im Verlauf der Prospektion und bei den Erkundungsarbeiten im Bereiche schon bekannter Erzfelder und Lagerstätten. Für die Lösung der ersten Aufgabe hat die Deutung der Besonderheiten der metasomatischen Überprägung und das Erkennen der Anzeichen, die es ermöglichen, diese Überprägungen von allen anderen Veränderungen, die in den Gesteinen auftreten, zu unterscheiden, und ferner die Feststellung der Größe der Aureolen (Dispersionshöfe, d. Red.) der metasomatischen Überprägungen wie auch deren Abhängigkeit vom Ausmaß der Vererzung die größte Bedeutung. Bei der Lösung der zweiten Aufgabe ist eine Erforschung der Richtung, in der der Prozeß der Gesteinsveränderung verläuft, sowie die Deutung des Zonenbaus der Aureolen nach ihrer Intensität und stofflichen Zusammensetzung wichtig.

Wie auf Grund der in den letzten Jahren durchgeführten Arbeiten festgestellt wurde, war bei den Blei-Zink-Lagerstätten des Altai der Erzbildungsprozeß sehr langwierig und vollzog sich in vielen Stadien. Die Blei-Zink-Vererzung stellt nur ein Stadium dieses Prozesses dar, mit dem eine Veränderung der Nebengesteine und die Bildung bestimmter Typen von Mineralassoziationen in ihnen verbunden sind.

Alle Veränderungen, die durch hydrothermale Lösungen hervorgerufen werden, aber vor der Bildung der Mineralassoziationen, die die Blei-Zink-Erze zusammensetzen, vor sich gingen, werden von den meisten Forschern in der Vorerzgruppe zusammengefaßt. Die Veränderungen, die direkt die Bildung der Blei-Zink-Erze begleiteten, gehören zur Erzgruppe, und die nach der Erzbildung vor sich gingen, zur Nacherzgruppe.

Die Hauptrolle spielen im Rudni Altai die Vorerzveränderungen, die die Entstehung von breiteren Aureolen bedingten. Die mit dem Erz- und Nacherzstadium des hydrothermalen Prozesses verbundenen Aureolen sind nur wenig größer als die Erzkörper selbst. Deshalb ist ihre Rolle als Suchanzeichen verhältnismäßig gering.

Bei zahlreichen Blei-Zink-Lagerstätten des Rudni Altai konnte festgestellt werden, daß die wirtschaftlich interessierenden Erzkörper an die Abschnitte gebunden sind, in denen die Prozesse der Vorerzmetasomatose am intensivsten waren. Sie lagen aber manchmal etwas exzentrisch zu den metasomatischen Zonen. Das deutet darauf hin, daß ihre Bildungsperioden nur wenig voneinander getrennt waren und die Zufuhrwege für die Lösungen des Vorerz- und Erzstadiums zusammenfielen.

Infolge der metasomatischen Veränderungen in der Periode des Vorerzstadiums bilden sich in der Mehrzahl der Lagerstätten folgende Gesteinsvarietäten:

1. chloritische, manchmal monomineralische, häufiger quarzchloritische, albit-chloritische oder chlorit-quarzige und chlorit-albitische Gesteine mit Pyrit und häufig Dolomit;
2. sericitische, quarz-sericitische, albit-sericitische, sericitquarzige oder sericit-albit-quarzige Gesteine mit viel Pyrit, seltener Dolomit;
3. Quarzite, häufig mit feinverteiltem Sericit und Pyrit, seltener mit Chlorit;
4. Epidosite, Epidot-Aktinolith- und Epidot-Chlorit-Gesteine.

Die unterschiedliche stoffliche Zusammensetzung der Neubildungen in den Aureolen der veränderten Gesteine

[1]) Aus: „Raswedka i Ochrana Nedr", Nr. 7, 1959, S. 14–17. Übers.: S. LÄCHELT

wird durch viele Faktoren bestimmt, hauptsächlich durch die Zusammensetzung der Ausgangsgesteine, die Temperatur und Zusammensetzung der durchfließenden hyperthermalen Lösungen.

In Abhängigkeit von der Zusammensetzung der Nebengesteine bei der metasomatischen Metamorphose bilden sich

a) in sauren Gesteinen: Albit, Sericit, Quarz, seltener Chlorit;

b) in basischen, intermediären Gesteinen und in Skarnen: Epidot, Karbonat, seltener Quarz;

c) in sedimentären und tuffogen-sedimentären Gesteinen: Chlorit, Sericit, Quarz und in kalkigen Varietäten ebenfalls Epidot und Karbonat.

Die Temperaturen der Lösungen haben fast keinen Einfluß auf die Zusammensetzung der sauren Gesteine. In den übrigen genannten Gesteinstypen bilden sich bei Einwirkung von verhältnismäßig hochtemperierten Hydrothermen calziumhaltige Silikate und Alumosilikate — Epidot, Pregnit, Aktinolith. Bei Einwirken von tiefer temperierten Lösungen erfolgt eine Zersetzung der früheren Minerale unter Bildung von Karbonat, Chlorit und Quarz. Epidot-Chlorit stellt eine Übergangsassoziation dar. Zum großen Teil ist die metasomatische Metamorphose durch geringe Veränderungen der Anfangszusammensetzung der Nebengesteine (Abfuhr des Natriums und Zufuhr von Wasser und Schwefel) bedingt. Deshalb hängt die Zusammensetzung der Mineralneubildungen nur in geringem Maße von den metamorphosierenden Lösungen ab. Eine Abhängigkeit von der stofflichen Zusammensetzung der Hydrothermen ist nur örtlich in schmalen Zonen der größten aktiven Zirkulation der Hydrothermen vorhanden. Hier ist eine intensive Eisen-Magnesium-Metasomatose zu bemerken, die zur Bildung von Chloritgesteinen, in denen Pyrit angereichert ist, und von Schwefelkieslagern führt. Die Eisen-Magnesium-Metasomatose wird durch die Kaliummetasomatose abgelöst, in deren Verlauf sich hauptsächlich Sericitgesteine aus Gesteinen der verschiedensten Zusammensetzung, darunter auch Chloritgesteine, bilden. Manchmal bilden sich um die Chlorit- und Sericitgesteine auf Grund einer Ausscheidung von Kieselsäure Verquarzungszonen.

Nach den Forschungsergebnissen der letzten Jahre wurden die Nebengesteine der Lagerstätten des Rudni Altai vor den erzbildenden Prozessen wesentlich verändert, wie Neubildungen, die an hydrothermale Prozesse gebunden waren, die den devonischen Vulkanismus begleiteten, sowie metamorphe Umbildungen, die durch den varistischen tektonisch-magmatischen Zyklus bedingt waren, zeigen. In Lagerstättengebieten gehören diese Prozesse hauptsächlich zur niedrigtemperierten Stufe der Metamorphose (nach D. S. KORSCHINSKI) und haben viel Ähnlichkeit mit den hyperthermalen Veränderungen, die die Erzbildung begleiten. Deshalb ist es bei einer Ausnutzung der metasomatischen Veränderungen zu Prospektions- und Erkundungszwecken notwendig, dieselben von den ähnlichen Bildungen der Autometamorphose, der Regionalmetamorphose und der fumarol-solfatorischen Tätigkeit des mittleren Paläozoikums zu unterscheiden.

Für den Rudni Altai wurden zahlreiche Merkmale festgestellt, die eine Bestimmung der mit dem Vererzungsprozeß verbundenen metasomatischen Gesteinsveränderungen erlauben.

I. Geologische Merkmale

1) Beschränkung der Gesteinsveränderungen auf ein verhältnismäßig begrenztes Gebiet.

2) Entwicklung der metasomatischen Gesteine in Zonen und Gängen, die an intensiv tektonisch zerstörte Zonen gebunden sind.

3) Ungleichmäßige Intensität der Veränderungen und unterschiedliche Zusammensetzung der Neubildungen in den Gesteinen, die der Struktur und Zusammensetzung der Ausgangsgesteine ähnlich sind.

II. Strukturell-texturelle Merkmale

1) Vollständiges oder fast vollständiges Verschwinden der Ausgangsstruktur des Gesteins.

2) Unterschiedlicher Bau, Auftreten einer Tendenz zur Bildung von Monomineralassoziationen der hauptsächlichsten gesteinsbildenden Minerale.

3) Bildung von verhältnismäßig grobkörnigen Aggregaten.

4) Vorhandensein von zerknüllten, fleckigen und brekziösen Texturen.

5) Unterschiedliche Orientierung nadel- und schuppenförmiger Minerale. Manchmal fehlt eine Orientierung vollständig.

III. Mineralogisch-geochemische Merkmale

1) Auftreten von erzbildenden Elementen (Pb, Zn, Cu, As, Sb) in der Zusammensetzung der gesteinsbildenden Minerale. Für die Sericite einiger Lagerstätten ist besonders der Ba- (bis 1%) und Ca-Gehalt charakteristisch.

2) Ständige Anwesenheit einer bedeutenden Pyritmenge und manchmal auch von anderen feinverteilten Sulfiden.

3) In Quarziten, die mit erzbildenden Prozessen zusammenhängen, fehlen im Unterschied zu solchen Quarziten, die an die alten Vulkanzentren gebunden sind, solche Minerale wie Diaspor, Alunit, Pyrophyllit, Zunyt.

4) Besonderheiten in der Mineralzusammensetzung, speziell der metasomatischen Chlorite, die bei der Regionalmetamorphose und Autometamorphose entstehen. Sie zeichnen sich durch einen erhöhten Gehalt von Aluminium der tetraedrischen Gruppe aus.

Die Größe der Aureolen veränderter Gesteine schwankt in großen Bereichen und wird entscheidend durch die Tektonik bestimmt. Sowohl parallel dem Fallen und Streichen als auch senkrecht dazu können die Gesteine auf 20 bis 200 m und mehr metasomatisch verändert werden.

In Lagerstätten, die sich in bedeutenden Teufen gebildet haben, in denen lineare Strukturen entwickelt sind, haben die Aureolen die Form von schmalen Zonen und sind an einzelne Klüfte gebunden. Unter ausgesprochen hypoabyssischen Bedingungen bilden sich breite flächenhafte Aureolen veränderter Gesteine, da hier die tektonischen Spannungen in Zonen unterschiedlicher Klüftigkeit auftreten. Das Einfallen der hauptsächlichsten Erzzufuhr- und Erzverteilungsstörungen hat auch einen bestimmten Einfluß auf die Größe der Aureolen metasomatischer Veränderungen, und zwar sind bei sonst gleichen Bedingungen entlang verhältnismäßig flach einfallender Störungen die Aureolen breiter als entlang steileinfallender Störungen.

Die Ausdehnung der metasomatischen Veränderungen hängt ebenfalls von der Lithologie der Nebengesteine ab. Sie ist am größten in gleichförmigen vulkanogenen Gesteinen, und zwar besonders in der Tiefe, da sich hier die Veränderungen intensiver entwickeln können und somit größere Flächen umfassen als in Laven. Bei einer Wechsellagerung von vulkanogenen Gesteinen mit Sedimenten verringern sich die Aureolengrößen. In Argilliten haben die Zonen der Gesteinsveränderungen die geringsten Ausmaße. Häufig stellen schon verhältnismäßig geringmächtige, in vulkanogene Ablagerungen eingeschlossene Argillitschichten für das Vordringen der

Lösungen ein Hindernis dar und verringern die Verbreitung der Gesteinsveränderung. Einen bedeutenden Einfluß auf die Größe der Aureolen haben auch Struktur und Textur des Gesteins. Die breitesten Aureolen entwickeln sich in Agglomeraten von Tuffen, weniger breit sind sie in körnigen und noch schmaler in dichten Gesteinen. In Laven sind sie am breitesten in den Mandelsteinvarietäten entwickelt. In Sedimentgesteinen wird eine Entwicklung von breiteren Aureolen durch Beimengung von tuffogenem Material begünstigt.

Eine Gegenüberstellung der Ausdehnung der metasomatischen Veränderungen mit der Größe der Erzkörper zeigt, daß keine direkte proportionale Abhängigkeit zwischen beiden besteht. Große Lagerstätten sind immer an Bereiche mit weiter Verbreitung von metasomatischen Veränderungen gebunden, die sich aber unter entsprechenden Bedingungen auch in der Nähe kleinerer Erzkörper entwickeln können. Deshalb kann man in Bereichen metasomatischer Veränderungen geringeren Ausmaßes, in denen an sich eine günstige geologische Situation für ihre Entwicklung besteht, nicht auf das Vorhandensein von großen Erzkörpern rechnen oder darf sie erst in großer Tiefe vermuten.

Für die Ausrichtung der Prospektions- und Erkundungsarbeiten in schon bekannten Vererzungsbereichen und Lagerstätten ist eine Verfolgung der Intensitätsveränderungen und des Charakters der metasomatischen Metamorphose von großem Interesse. In den meisten Lagerstätten kann eine gesetzmäßige Zunahme der Intensität der Metamorphose in Richtung zum Erzkörper beobachtet werden. Der Übergang von schwach veränderten über intensiv veränderten bis zu vollständig veränderten Gesteinen ist in einer gleichförmigen Schicht durch einen Vergleich von 20 bis 40 m voneinander entfernten Zonen deutlich feststellbar, besonders bei einer Gegenüberstellung von Schnitten senkrecht zum Einfallen des Erzkörpers. Allerdings muß man beim Verfolgen einer gerichteten Intensitätsveränderung der metasomatischen Metamorphose berücksichtigen, daß die Intensität von den gleichen Faktoren abhängt wie die Größe der Aureolen, d. h. von der Zusammensetzung, Klüftigkeit, Struktur und Textur des Nebengesteins. Deshalb kann in manchen Fällen eine Zunahme oder Abnahme der Intensität der Metamorphose nicht durch die Entfernung vom Erzkörper, sondern durch eine Veränderung im Charakter des Nebengesteins bedingt sein. Außerdem sind die Nebengesteine in Bereichen linearer Strukturen häufig an den Flanken, d. h. im Bereich des Auskeilens der Erzkörper, am stärksten metamorphosiert.

Eine große Bedeutung für die Prospektion hat ein metasomatischer Zonenbau der Aureolen der metasomatischen Metamorphose, wie er jetzt in einigen polymetallischen Lagerstätten im Rudni Altai festgestellt wurde und wahrscheinlich auch in zahlreichen anderen Lagerstätten vorhanden sein dürfte. Da die Erzkörper häufig an Zonen mit stärkster metasomatischer Überprägung gebunden sind, kann eine Klärung der Lage der metasomatischen Zonen im Raum für die Prospektion von Erzkörpern entscheidend sein.

Zusammenfassung

Verf. zeigen, daß die metasomatischen Veränderungen des Nebengesteins in ausreichendem Maße als Merkmal für die Prospektion angewandt werden können. Allerdings müssen diese Merkmale bei den Such- und Erkundungsarbeiten mit den aus der Erforschung des geologischen Baues und der Entwicklungsgeschichte der Lagerstätte gewonnenen Ergebnissen in Übereinstimmung gebracht werden.

Резюме

Авторы показывают, что околорудные изменения вмещающих пород в достаточной мере могут применяться в качестве признаков для поисковых работ. Правда, эти признаки следует при проведении поисково-разведочных работ связывать с результатами, полученными за счёт анализа геологического строения и истории развития месторождения.

Summary

The authors show that metasomatic changes of the country rock can be sufficiently used as prospecting characteristics. In prospecting and reconnaissance works, however, these characteristics must be adapted to results obtained by the exploration of the geological structure and development of the deposit.

Literatur

BELKOWA, L. N.: Zur Frage der Genesis hydrothermal veränderter Gesteine im SW-Altai. — Erkundung und Bodenschutz, Nr. 5, 1954 (russ.).

BESSMERTNAJA, M. S., & D. I. GORSCHEWSKI: Metasomatische Veränderungen der polymetallischen Lagerstätten des Rudni Altai. — Nachr. Akad. Wiss. UdSSR, Geol. Ser., Nr. 10, 1958 (russ.).

CHISAMUTDINOW, M. G.: Veränderungsetappen der Nebengesteine der Syrjanowsker Lagerstätten. — Materialien WSEGEI, Neue Serie, Ausg. 8, 1956 (russ.).

KAJUPOW, A. K., & A. E. SCHLYGIN: Veränderungen am Nebengestein der Syrjanowsker Lagerstätte im Altai. — Nachr. Akad. Wiss. Kasach. SSR, Geol. Ser., Ausg. 3, 1957 (russ.).

KIROWA, T. W.: Zur Frage der Genesis sekundärer Quarzite und verquarzter Gesteine in einigen Gebieten des Rudni Altai. — Materialien WSEGEI, Neue Serie, Ausg. 19, 1956 (russ.).

KUREK, N. N.: Über sekundäre Quarzite im Rudni Altai. — Materialien WSEGEI, Allg. Serie, Sammelbd. 5, 1940 (russ.).

— Serizitolithe der Riddersker Lagerstätten im Altai. — Materialien WSEGEI, Sammelbd. 4, 1948 (russ).

SCHERDA, G. N.: Polymetallische Lagerstätten des Rudni Altai. — Gosgeoltechisdat, Moskau 1957 (russ.).

Zur Probenahme und Bemusterung im Kalibergbau

PETER HARTMANN, Bernburg

Dieser Beitrag behandelt den mitteldeutschen Kalibergbau mit seiner verhältnismäßig großen Lagermächtigkeit; jedoch gelten die Betrachtungen sinngemäß für jedes andere Kaliwerk und für die Probenahme im Bergbau allgemein.

Das Werk, in dem nachstehende Untersuchungen durchgeführt wurden, baut auf einer 10—20 m mächtigen Carnallitlagerstätte mit einem durchschnittlichen K_2O-Gehalt von 9,5%. Als untere Abbaugrenze werden im allgemeinen 9% angesehen. Die Lagerstätte ist tektonisch verhältnismäßig stark beansprucht und besitzt eine große Anzahl von Sätteln und Mulden, die wiederum oft von Spezialsätteln und Mulden begleitet sind. Durch diese wellige Lagerung — teilweise tritt ein Steigen oder Fallen von mehr als 30° auf — gestaltet sich der Abbau mitunter recht schwierig. Die Abbaue verlaufen fast immer schwebend bzw. fallend und sind nur selten in der Streichrichtung aufgefahren. Das Generalstreichen verläuft E—W.

Zur Sicherheit wird gegen den hangenden, stark gebrächen Salzton eine mehrere Meter mächtige Bank angebaut, und zwar muß laut Vorschrift bei einer Abbauhöhe unter 10 m die Bank 4 m, bei einer Höhe über 10 m mindestens 5 m betragen.

Das Salz wird im Firstenkammerbau gewonnen. Es wird zunächst ein 2,75 m hohes, 10—12 m breites Ort, ungefähr 200 m lang, aufgefahren (Abb. 1). Darauf erfolgt in mehreren Arbeitsgängen das Drücken der Firste. Zuletzt wird zur Sicherung des Hangenden ein ca. 1 m starker Deckengang geschossen.

Bei dieser Abbaumethode können evtl. im Lager auftretende bankartige Vertaubungen nicht ausgehalten werden, sondern müssen mitgewonnen und gefördert werden. Es besteht beim Firstenkammerbau lediglich die Möglichkeit, im Hangenden bzw. im Liegenden unbauwürdige bzw. geringprozentige Partien stehen zu lassen.

Die jeweilige Mächtigkeit sowie die Bauwürdigkeit des Carnallitlagers muß durch Hochbohrungen ermittelt werden. Zu diesem Zweck werden in regelmäßigen Abständen von 20 m Hochbohrungen bis zum Grauen Salzton gestoßen. Dabei wird jeweils das Bohrmehl eines Bohrmeters aufgefangen, eine Handprobe genommen und ihr KCl- und $MgSO_4$-Gehalt bestimmt. Aus aufbereitungstechnischen Gründen muß der KCl-Gehalt unterschiedlich nach Carnallit- und Sylvinchlorkalium ermittelt werden.

Auf Grund der Analysenergebnisse werden die abzubauenden Partien sowie die zulässige Abbauhöhe bestimmt. Die zuständige Revieraufsicht erhält diese Werte und legt das zukünftige Profil des Abbaues fest.

Diese Ausführungen zeigen, daß die korrekte Bestimmung der Abbauhöhe von entscheidendem Einfluß auf die Abbauverluste, den K_2O-Gehalt der Förderung und das wirtschaftliche Ergebnis und die Lebensdauer des Betriebes ist. Wird z. B. in einer Firste 1 m zu wenig hereingewonnen, gerät eine Rohsalzmenge von ca. 4000 t bzw. ca. 320 t K_2O in Verlust. Letztlich müssen aber die hohen Kosten, die durch die Schrapperaufstellung und durch die geringe und teure Gewinnleistung beim Abbauvortrieb verursacht werden, ihren Ausgleich durch eine hohe Leistung beim Drücken der Firste finden.

In jedem Betrieb wird in gewissen Abständen die tatsächlich gewonnene Mächtigkeit aufgemessen. Betrachtet man das geplante Abbauprofil und das tatsächliche Profil nach Beendigung der Auffahrung, lassen sich häufig mehr oder weniger große Abweichungen feststellen. Ein derartiges Beispiel für wirtschaftlich nicht vertretbare Abbauverluste zeigt Abb. 2.

Die Kontrolle der Hochbohrung ergab, daß die technische Ausführung durchaus korrekt war und zu keinen Beanstandungen Anlaß gab. Für die Hochbohrung wurde eine Drehbohrmaschine besonderer Bauart verwendet, die in einem Bock eingespannt ist und eine Klemmvorrichtung zum Halten der Bohrgestänge besitzt. Der Kronendurchmesser beträgt

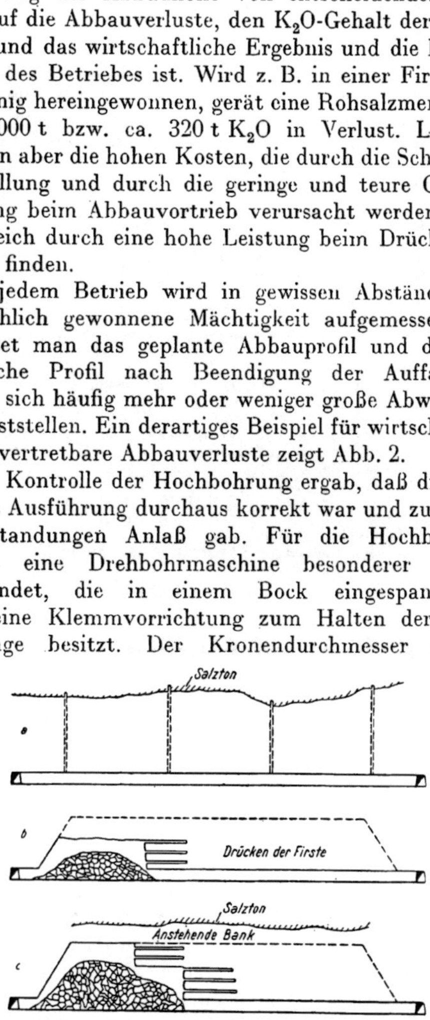

Abb. 1. Schema des Firstenkammerbaus
a – Hochbohren, b – Parallelbohren, c – Nachziehen des Deckenganges

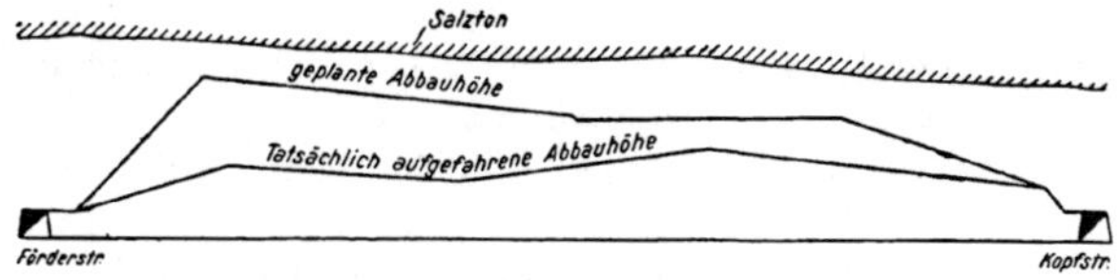

Abb. 2. Beispiel für die möglichen Differenzen zwischen geplanter und tatsächlicher Abbauhöhe

60 mm. Die Gestänge sind 1 und 2 m lang. Das aus dem Bohrloch rieselnde Salz wird zunächst von einem an der Maschine angebrachten Teller aufgefangen und fällt von dort auf ein Tuch.

Als erste Fehlerquelle wurde die Probenahme erkannt. Beim Mischen der Probe auf dem Auffangtuch und durch das Einfüllen des Probematerials mit der Hand in Tüten kann ohne weiteres eine Differenzierung der Kornfraktionen eintreten.

Da bei dem drehenden Bohren das härtere Gestein feiner zerkleinert wird als das weichere und beim bloßen Zugreifen mit der Hand nicht alle Korngrößen im richtigen Anteil erfaßt werden können, die K_2O-Gehalte aber — wie noch nachgewiesen wird — weitgehend von der Korngröße abhängig sind, erschien es durchaus

Tab. 1. Fehler zwischen 1. Analyse und Kontrollanalyse

Bohrung 1

m	1. Analyse	Kontrollanalyse	Fehler
– 1	9,7% K_2O	9,9% K_2O	+ 0,2% K_2O
– 2	9,9% ,,	10,8% ,,	+ 0,9% ,,
– 3	9,9% ,,	9,7% ,,	– 0,2% ,,
– 4	7,6% ,,	7,5% ,,	– 0,1% ,,
– 5	6,2% ,,	6,1% ,,	– 0,1% ,,
– 6	6,9% ,,	6,9% ,,	0
– 7	8,5% ,,	9,2% ,,	+ 0,7% ,,
– 8	10,3% ,,	10,2% ,,	– 0,1% ,,
– 9	7,1% ,,	7,7% ,,	+ 0,6% ,,
– 10	10,1% ,,	9,8% ,,	– 0,3% ,,
– 11	9,0% ,,	7,7% ,,	– 1,3% ,,
– 12	10,0% ,,	10,2% ,,	+ 0,2% ,,
– 13	10,9% ,,	10,6% ,,	– 0,3% ,,
– 14	1,3% ,,	1,9% ,,	+ 0,4% ,,
– 15	0,7% ,,	0,8% ,,	+ 0,1% ,,
– 16	0,3% ,,	0,3% ,,	0
bei 17 m	Ton	Ton	

Bohrung 2

m	1. Analyse	Kontrollanalyse	Fehler
– 1	8,7% K_2O	10,4% K_2O	+ 1,7% K_2O
– 2	9,3% ,,	9,0% ,,	– 0,3% K_2O
– 3	10,8% ,,	11,4% ,,	+ 0,6% ,,
– 4	11,6% ,,	11,6% ,,	0 ,,
– 5	9,9% ,,	9,7% ,,	– 0,2% ,,
– 6	11,6% ,,	11,6% ,,	0 ,,
– 7	10,7% ,,	10,8% ,,	+ 0,1% ,,
– 8	10,7% ,,	10,5% ,,	– 0,2% ,,
– 9	7,3% ,,	6,9% ,,	– 0,4% ,,
– 10	10,9% ,,	10,4% ,,	– 0,5% ,,
– 11	10,9% ,,	10,8% ,,	– 0,1% ,,
– 12	6,0% ,,	3,3% ,,	– 2,7% ,,
– 13	0,8% ,,	0,8% ,,	0 ,,
bei 14 m	Ton	Ton	

Bohrung 3

Bohrmeter	1. Analyse	Kontrollanalyse	Differenz
– 1	9,4% K_2O	9,2% K_2O	– 0,2% K_2O
– 2	11,4% ,,	9,3% ,,	– 2,1% ,,
– 3	10,1% ,,	9,3% ,,	– 0,8% ,,
– 4	11,1% ,,	9,3% ,,	– 1,8% ,,
– 5	12,1% ,,	9,3% ,,	– 2,8% ,,
– 6	11,4% ,,	9,3% ,,	– 2,1% ,,
– 7	3,2% ,,	2,9% ,,	– 0,3% ,,
– 8,2	Ton		

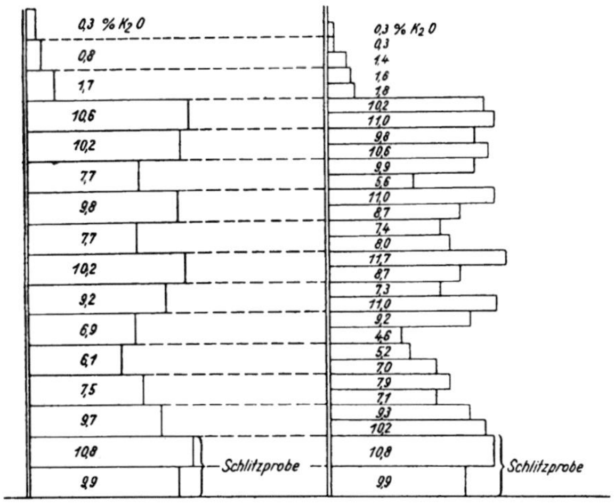

Abb. 3. Vergleich einer 1-m- mit $^1/_2$-m-Bemusterung

möglich, daß die Analysen zu hohe Resultate ergeben können. In mehreren Fällen von der gleichen Bohrung genommene Kontrollproben zeigten auch verhältnismäßig große Differenzen.

Aus den in Tab. 1 aufgeführten Kontrollergebnissen eines Abbaus (von jedem Bohrmeter eines Bohrloches wurde eine zweite Probe genommen und analysiert) ist ersichtlich, daß mit diesen Analysenergebnissen keine einwandfreie Abbauführung möglich ist.

Nimmt man an, daß die Ergebnisse der 1. Analyse von Hochbohrung 3 exakt ermittelt wurden, könnte man parallel zu diesem Abbau einen Bau mit weniger guten Salzen betreiben. Das Verschneiden beider Salze könnte ein Rohsalz ergeben, das immer noch den industriellen Konditionen genügt. Stimmen jedoch die Ergebnisse der Kontrollanalyse, so wäre ein Absinken des Gesamt-K_2O-Gehaltes der Förderung nicht zu vermeiden.

Derartige Differenzen können auch dazu führen, daß durchaus bauwürdige Salzpartien stehen bleiben.

Die Unterschiede zwischen geplanter und tatsächlich gefahrener Abbauhöhe treten aber auch dann ein, wenn lokale, geringmächtige Schmitzen hochprozentigen Salzes oder Steinsalzschmitzen die Analysenergebnisse beeinflussen. Die verantwortlichen Bearbeiter sind in solchen Fällen vielfach geneigt, lediglich nach dem Augenschein zu urteilen und den Abbau nach den unmittelbar anstehenden Salzen zu lenken, obwohl vielleicht unmittelbar über der betreffenden Stelle eine ganz andere Salzqualität auftreten kann.

Um den Abbau wirklich nach den Ergebnissen der Bohrproben lenken zu können, wurde versucht, durch Verkürzung der Probenabstände von 1 m auf $^1/_2$ m zu einem besseren Ergebnis zu gelangen. Dabei zeigte sich,

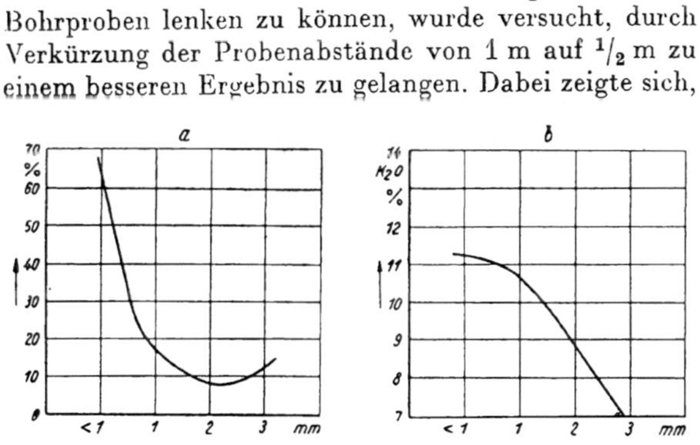

Abb. 4. Analysenwerte einer Hochbohrprobe
a — Kornverteilung, b — Verteilung des K_2O-Gehaltes auf die einzelnen Kornfraktionen

daß die K_2O-Gehalte der einzelnen Proben in noch weiteren Grenzen variieren.

Das Ergebnis einer exakten Durchführung der Analysen zeigt Abb. 3. Während des Abbaus können jedoch solche geringen Gehaltsänderungen nicht berücksichtigt werden. Auch aus wirtschaftlichen Gründen muß eine Probenahme in derartig kleinen Abständen unterbleiben. Eine K_2O-Bestimmung kostet — einschließlich Bohrung und Probenahme — annähernd 10,— DM.

Die Probenahme muß also so verbessert werden, daß einwandfreie Analysenergebnisse eine bessere Abbauführung gestatten. Die Wichtigkeit einer genauen Probenahme kann sehr gut durch Siebanalysen und Bestimmung des K_2O-Gehaltes der einzelnen Kornfraktionen bewiesen werden. Wie aus den Abb. 4a und b hervorgeht, ist der K_2O-Gehalt der verschiedenen Korngrößen stark unterschiedlich. Berücksichtigt man,

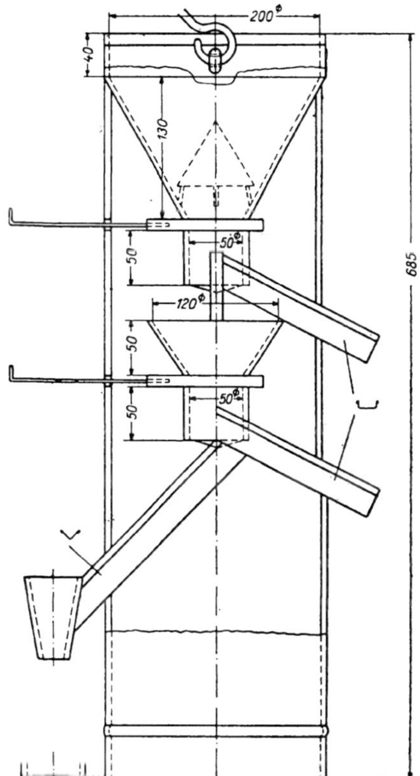

Abb. 5. Mechanisches Probenteilgerät

daß der Kornanteil < 1 mm bei den Bohrproben größer ist, muß bei einer Verschiebung der Korngrößen nach gröberem Korn — wie es bei einer Probenahme mit der Hand kaum zu vermeiden ist — die Analyse ungenau ausfallen.

Um ein homogenes, den tatsächlichen Verhältnissen entsprechendes Probenmaterial zu gewinnen, muß das Probegut mechanisch geviertelt werden, so daß alle Kornfraktionen, ihrem Anteil entsprechend, in der Probe enthalten sind. Zu diesem Zweck wurde ein Probenteilgerät entwickelt, das aus mehreren Trichtern und Trennkeilen besteht. Die Teilung wird so vorgenommen, daß von dem eingefüllten Probematerial $^1/_{12}$ übrigbleibt.

Bei der Hochbohrmaschine fallen pro Bohrmeter ca. 3,5 kg Salz an. Es gelangen also ca. 200 g in den Probe-

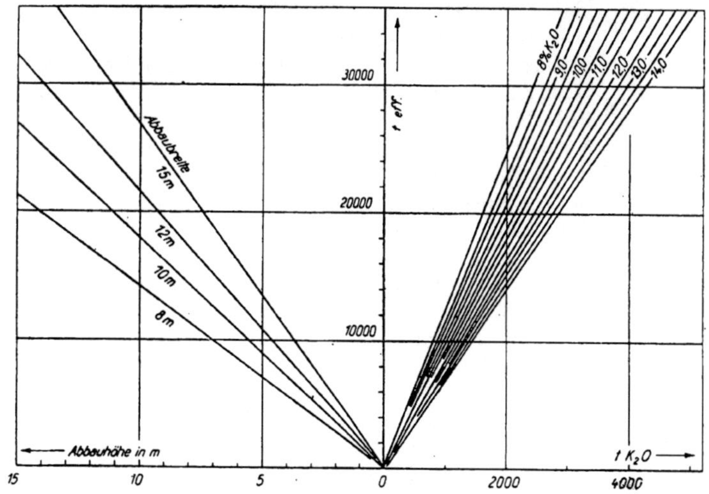

Abb. 6. Einfluß der Abbauhöhe auf die Salzgewinnung

behälter, während der Rest des Bohrmehls verworfen wird. Das Prinzip des Probenteilers ist aus Abb. 5 ersichtlich.

Bei der Probenteilung mit diesem Gerät ergaben sich durch Siebanalysen folgende Werte:

>6 mm	0,0%
6–3 mm	12,4%
3–2 mm	8,9%
2–1 mm	18,1%
<1 mm	60,4%

Zum Vergleich sei das Ergebnis der Siebanalyse des gesamten Probenmaterials angegeben:

>6 mm	0,0%
6–3 mm	12,8%
3–2 mm	8,5%
2–1 mm	18,3%
<1 mm	60,4%

Die Übereinstimmung beider Werte zeigt, daß das Probegut den wirklichen Verhältnissen des durchbohrten Meters entspricht.

Zur Kontrolle wurden dann noch einmal die K_2O-Gehalte beider Proben bestimmt, die ebenfalls mit den anderen Analysen übereinstimmten. Diese Untersuchung gestattet also, die Abbauführung nach den ermittelten Gehalten vorzunehmen, ohne minderwertiges Salz anzufahren oder wertvolle Salze anstehen zu lassen.

In welchem Maße die Abbauhöhe die Menge des gewinnbaren Kalisalzes beeinflußt, geht aus dem Diagramm (Abb. 6) hervor. Die errechneten Werte sind auf 100 m Abbaulänge bezogen.

Bei den Bohrarbeiten entfällt nahezu der größte Teil der Arbeitszeit auf den Transport und die Montage des Bohrgeräts. Allein für das Abfangen der verhältnismäßig starken und schweren Gestänge ist ein kleines Bohrgerüst erforderlich. Es liegt also nahe, das Bohrgerät fahrbar zu machen. Für diesen Zweck sollte mit einfachen Mitteln ein luftbereiftes Fahrgestell gebaut werden, auf dem das Gerät zum besseren Transport umlegbar aufgesetzt wird. Durch Schraubspindeln können beim Aufstellen des Bohrgeräts die Räder entlastet werden.

Durch diese Einrichtung soll die Dauer der Hochbohrungen wesentlich verkürzt werden. Leider beginnt man immer noch mit dem Hochbrechen eines Abbaus, ehe die Hochbohrungen beendet sind, so daß oft die zulässige Abbauhöhe nicht eingehalten werden kann. Selbstverständlich wird in derartigen Fällen in vorgeschriebenen Abständen vom Hauer mit normaler Maschine und normalem Gestänge gegen den Salzton hochgebohrt, um die festgesetzte Bank anbauen zu können, jedoch gibt eine solche Bohrung kein genaues Bild über die Abbauwürdigkeit des Salzes.

Weiterhin sollen noch die Schlitzproben betrachtet werden. Abb. 7 zeigt die Siebkurve einer durchschnittlichen Probe. Hier liegt natürlich der größte Kornanteil über 6 mm, während die anderen Kornfraktionen nur gering vertreten sind, wodurch ebenfalls die Analysenergebnisse beeinflußt werden. Der Anteil der Korngrößen ist gerade bei der Schlitzprobe im größten Maße subjektiven Einflüssen unterworfen, da in den meisten Fällen unbewußt die weicheren, leicht gewinnbaren Partien in größerer Menge gewonnen werden.

Die Entwicklung einer kleinen elektrisch oder von Hand angetriebenen Fräsmaschine, die einen Schlitz mit bestimmter Breite und Tiefe herstellt, wäre daher sehr zu begrüßen. Anderenfalls muß man stets ein mehr oder weniger inhomogenes Probegut und die damit verbundenen Ungenauigkeiten in Kauf nehmen.

Die verantwortlichen Bearbeiter des Grubenbetriebes müssen immer wieder entscheiden, ob bestimmte anstehende Salzpartien bauwürdig sind. Es lag deshalb nahe, nach einem Verfahren zu suchen, das mit einfachen Mitteln eine Analyse unter Tage gestattet. In einem Betriebslaboratorium wurde nun ein entsprechender Bestimmungsgang entwickelt, den jede Aufsichtsperson auch ohne chemische Vorkenntnisse durchführen kann: Eine bestimmte Menge Carnallit wird in Alkohol gelöst und das spezifische Gewicht dieser Lösung gemessen. Aus der Differenz der spezifischen

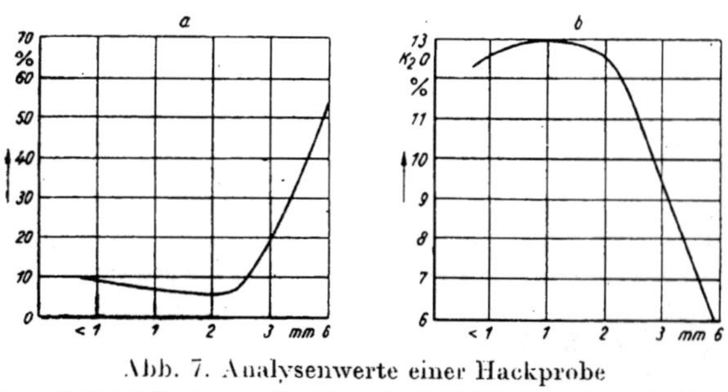

Abb. 7. Analysenwerte einer Hackprobe
a Kornverteilung, b Verteilung des K_2O-Gehaltes auf die einzelnen Kornfraktionen

Tab. 2. Vergleich der Schnellanalyse mit vorschriftsmäßigen Laboranalysen

Bohrmeter	Ergebnis des Labors	Ergebnis der Schnellmethode
0–1	10,7% K_2O	11,1% K_2O
–2	10,2% ,,	10,4% ,,
–3	9,6% ,,	9,3% ,,
–4	9,8% ,,	9,4% ,,
–5	7,6% ,,	7,9% ,,
–6	7,6% ,,	7,8% ,,
–7	9,2% ,,	8,8% ,,
–8	9,9% ,,	10,0% ,,
–9	11,3% ,,	11,1% ,,
–10	11,7% ,,	11,3% ,,
–11	7,4%	7,9% ,,
–12	3,1% ,,	2,9% ,,
–13	2,8% ,,	3,2% ,,

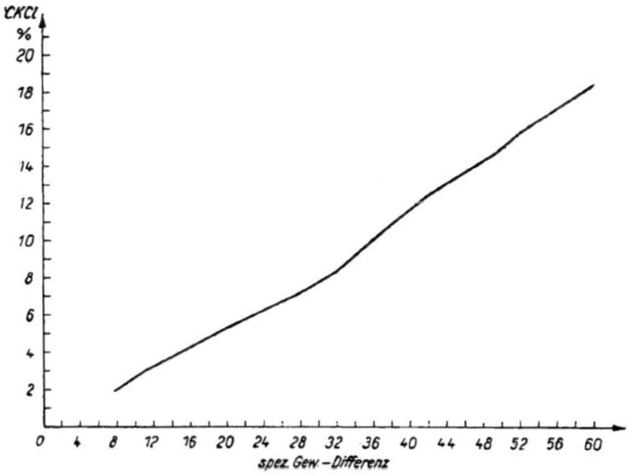

Abb. 8. Abhängigkeit des spezifischen Gewichts vom C-KCl-Gehalt (unkorrigierte Kurve)

Gewichte des reinen Alkohols und der hergestellten Lösung kann auf einer Tabelle der K_2O-Gehalt mit hinreichender Genauigkeit abgelesen werden (s. Abb. 8). In Tab. 2 wurden diese Ergebnisse den Ergebnissen des normalen Bestimmungsganges gegenübergestellt. Es muß jedoch bemerkt werden, daß dieses Verfahren nur in „reinem" Carnallit, d. h. bei Fehlen von Tachydrit, Bischoffit u. a., durchführbar ist.

Aus den obenangeführten Punkten dürfte hervorgehen, daß der Probenahme unbedingt größte Aufmerksamkeit gewidmet werden muß. Die Kenntnis der K_2O-Gehalte der abzubauenden Salzpartien ist Voraussetzung für die richtige Abbauführung und damit für die Vermeidung unnötiger Abbauverluste. Jede Maßnahme zur Verbesserung der Analysenergebnisse wird die hierfür aufzuwendenden Kosten innerhalb kürzester Frist wieder einbringen und dazu beitragen, wertvolle Kalisalze vor dem Verlust zu bewahren.

Zusammenfassung

Da auf Grund der Analysenergebnisse die Abbauführung festgelegt wird, muß bei der Durchführung der Analysen Wert auf größte Genauigkeit gelegt werden. Die möglichen — schon bei der Probenahme auftretenden — Fehlerquellen werden untersucht und Vorschläge für ihre Vermeidung ausgearbeitet.

Резюме

Так как результаты химических анализов являются основой ведения горных работ, при проведении анализов должна быть соблюдена наибольшая точность. Обсуждаются возможные источники ошибок, уже проявляющиеся при взятии проб, и выдвигаются предложения для избежания этих ошибок.

Summary

The greatest accuracy has to be observed when carrying out analyses, because their results are the basis for the direction to be adopted in mining. Sources of errors possibly found already düring sampling are examined and proposals are made for their suppression.

Der spezifische Erkundungsaufwand

HORST SCHEFFLER, Wernigerode (Harz)

Definition und Bedeutung

Für die geologische Erkundung jeder Mengeneinheit Erz (t) müssen finanzielle Mittel (DM) aufgewendet werden. Die daraus ermittelte Kennziffer (DM/t) ist der spezifische Erkundungsaufwand.

Die für die geologische Erkundung verbrauchten Mittel sind einer Investition gleichzusetzen. Sie sind für die Rentabilität des Abbaus einer Lagerstätte von entscheidender Bedeutung. Es ist daher eine wichtige Aufgabe aller Erkundungsgeologen, diese Tatsache genügend zu berücksichtigen. Das gilt besonders für die Lagerstätten unserer Republik; denn hier werden sehr oft kleine und relativ arme Vorkommen mit Durchschnittsgehalten, die hart an der Grenze der Bauwürdigkeit liegen, abgebaut. Für jede Investition sind ökonomische und technische, aber auch wirtschaftspolitische Erwägungen notwendig. Diese Tatsache ist aber kein Freibrief für eine unbegrenzte geologische Erkundung armer Lagerstätten. Um also eine Übererkundung, die mit einer unvorteilhaften Kostenentwicklung verbunden ist, zu vermeiden, muß genau festgestellt werden, wie weit eine Lagerstätte überhaupt erkundet werden muß und in welcher Höhe der spezifische Erkundungsaufwand vertretbar ist.

Zur Lösung dieses Problems geht man am besten von der Vorratsberechnung aus, indem der Vorrat eines Abbaublocks mit all seinen Kennziffern und Charakteristika dem Abbauergebnis gegenübergestellt wird. Daraus ergeben sich in vielen Fällen unter anderem bereits Hinweise für den optimalen Erkundungsgrad und spezifischen Aufwand (PROKOFJEW 1960).

Mit dem wirtschaftlichen Begriff „spezifischer Erkundungsaufwand" sind noch weitere Fragen verbunden. Ohne Anspruch auf Vollständigkeit sollen hier nur einige Faktoren genannt werden, die diskutiert werden müßten: neben der schon erwähnten Übererkundung (OELSNER 1958) auch die übertriebene Bemusterung, die Festlegung von Toleranzen für die einzelnen Vorratsklassen (VANACEK 1959), die Aufnahme der Erkundungsmittel in die Variantenmethode der sozialistischen Wirtschaft (STAMMBERGER 1960) und schließlich die teilweise oder vollständige Amortisation der für die Erkundung benötigten Finanzmittel.

Der spezifische Erkundungsaufwand läßt sich auf zwei Größen beziehen: auf die Mengeneinheit Roherz oder Metall.

Wenn der Metallinhalt als Berechnungsgrundlage gewählt wird, ergeben sich reelle Vergleichswerte zwischen den Bergbaubetrieben, zwischen einzelnen Abbaupositionen derselben Lagerstätte und Vergleichsmöglichkeiten über verschiedene Erkundungszeiträume innerhalb einer Lagerstätte.

Berechnet man nur den Erkundungsaufwand für das Roherz, so ist dieser Wert ohne jede weitere Spezifizierung des Erzes nicht vergleichbar. Besonders unter Berücksichtigung polymetallischer Lagerstätten ist dieser Rechengang unkomplizierter, doch gerade in diesem Fall muß eine detaillierte Kostengliederung auf jede t Einzelmetall erfolgen.

Berechnung

Folgende Faktoren müßten in die Berechnung des spezifischen Erkundungsaufwands eingehen:

1. Kosten der bergmännischen Arbeiten (Strecken, Überhauen, Bohrkammern, Räume, Ausbau, Aufwältigung, gegebenenfalls Schachtteufen)
2. Kosten der Bohrungen (Unter- u. Übertagebohrungen)
3. Bemusterungskosten (Probenahme, Analyse, Anschliffe, Dünnschliffe)

4. Kosten der Schürfe
5. Kosten der geophysikalischen Arbeiten (speziell Bohrlochvermessungen)

Von der Summe dieser Faktoren wären entweder vollständig oder anteilmäßig die Mittel abzuziehen, die vor der Aufnahme des Abbaus für die Grundstrecken- und Wetterüberhaunauffahrungen (also für die Vorrichtung) vom Betrieb aufgebracht werden müßten. Aus der verbleibenden Summe ergäbe sich dann der spezifische Erkundungsaufwand.

Bei einer einwandfreien Kontierung der Kosten auf die einzelnen Ansatzpunkte der geologischen Erkundung lassen sich sogar die spezifischen Kosten für Neuzugänge, Erweiterungen und Umwandlungen von Vorräten errechnen.

Bisher sind wohl in jedem Bergbaubetrieb die Berechnungen unterschiedlich durchgeführt worden. Für eine allseitige Vergleichbarkeit müßte deshalb eine generelle Anweisung über die Behandlung der einzelnen aufgeführten Faktoren getroffen werden. Auch müßten die spezifischen Vorerkundungskosten einer Lagerstätte einwandfrei zu berechnen sein.

Einfluß der geologischen Verhältnisse

Der Lagerstättentyp und die tektonischen Verhältnisse bedingen weitgehend die Größenordnung des spezifischen Erkundungsaufwands. Diese Größenordnung liegt bei ungestörten Flözlagerstätten niedrig, eine Mittelstellung nehmen nach bisherigen Erfahrungen normale Ganglagerstätten ein, das Maximum ist bei metasomatischen Lagerstätten und Ganglagerstätten geringer Mächtigkeit vorhanden. Bei starken tektonischen Überprägungen wird sich der spezifische Aufwand der Erkundung weiterhin erhöhen.

Literatur

OELSNER, O.: Zur Methodik der geologischen Erkundung in Abhängigkeit von den Lagerstättentypen. — Z. angew. Geol., 4, S. 322—332 (1958).
PROKOFJEW, A. P.: Vergleich der geologischen Erkundungsergebnisse mit den Abbauergebnissen von Lagerstätten. — Z. angew. Geol., 6, S. 326 bis 328 (1960).
STAMMBERGER, F.: Lagerstättenvorräte, Investitionsaufwand und ökonomischer Nutzeffekt. — Z. angew. Geol., 6, S. 27—30, (1960).
I. Internationales Kolloquium über Fragen der Vorratsklassifikation vom 27. bis 29. Januar 1959 in Berlin. — Z. angew. Geol., 5, Mitteilung von VANACEK, ČSSR, S. 146 (1959).

Die Beobachtung von Wassermenge und -geschwindigkeit beim Versickern von Oberflächenwässern in Grubenbauen

STANISLAV KLÍR, Prag

Einleitung

Bei der Erforschung der hydrogeologischen Verhältnisse einer Eisenerzlagerstätte in der Ostslowakei wurde, da Vorflutverlegungen vorgeschlagen worden waren, vor allem die Versickerung von Oberflächenwasser in die Grubenbaue qualitativ und quantitativ untersucht. Die detaillierten Untersuchungen, die mit Hilfe einiger neuer hydrogeologischer Arbeitsmethoden — über die Verf. im folgenden berichtet — von F. HERCOG, J. PACOVSKÝ und S. KLÍR durchgeführt wurden, waren besonders im Hinblick auf den Zusammenhang von Oberflächen- und Grubenwässern von Bedeutung.

Allgemeines

Die untersuchte Eisenerzlagerstätte befindet sich im Zips-Gömörer Erzgebirge in einem nach Norden offenen Tal, das in Süd—Nord-Richtung von einem hydrographisch zum Einzugsgebiet des Hornád gehörenden Bach durchflossen wird.

Die Lagerstätte streicht Ost—West — das Einfallen ist starken Schwankungen unterworfen, jedoch überwiegt vertikales Einfallen — und liegt in Gesteinen der Phyllit-Diabas-Serie des Zips-Gömörer Erzgebirges. Aufgeschlossen ist das Lager durch einen 70—80 m vom Bach entfernten Hauptschacht.

Der ständige Wasserzufluß zur Grube beträgt im Durchschnitt rund 800 l/min. Die Grubenwässer sind durch hohe SO_4-Gehalte (4000—7000 mg/l) und sehr niedrige p_H-Werte (2—4,4) charakterisiert. Ein wichtiges Element ist auch Fe, das infolge der Anwesenheit von Cu-Ionen leicht ausflockt. Menge und Fließgeschwindigkeit des von der Oberfläche in die Grubenbaue eindringenden Wassers wurden durch Färbungsversuche bestimmt. Außer dem Hauptbach wurden noch zwei kleinere quer zur Achse des Tales, d. h. Ost—West, fließende Bäche untersucht (Lageskizze s. Abb. 1).

Feststellung der Grubenwasserbewegung durch Färbemethoden

In der Montanhydrogeologie ist eine Feststellung der Grubenwasserbewegung vor allem dann wichtig, wenn es beim Bergbau — insbesondere durch die Entwässerung bei den Grubenarbeiten, die zu einer Herabsetzung der Wassermengen in den Grubenbauen führt — zu tiefen Eingriffen in das natürliche Fließsystem der Grubenwässer, zur Veränderung der Umlaufs- und Abflußwege aus den Grubenwasserbehältern und zur Bildung neuer Abflußwege kommt. Die Bewegung der Grubenwässer muß auch bei der Erforschung des Grubenwasserregimes, des Zu- und Abflusses der Wässer aus dem Grubenwasserbehälter und bei der Überprüfung der Lagerstättenteile, bei denen ergiebige Wasserzuflüsse aus dem Hangenden zu erwarten sind, untersucht werden. Um die Gesetzmäßigkeiten der Grubenwasserbewegung zu ermitteln, werden genaue Messungen der Temperaturunterschiede einzelner Wasserzuflüsse vorgenommen. Ferner wird eine chemische Identifikation der Wasserzuflüsse in der Teufe mit Quellen und Brunnenwässern über Tage, falls sie durch typische Gehalte an bestimmten Komponenten charakterisiert sind, durchgeführt. Durch Farbstoffzusatz können sowohl die Strömungsbewegung als auch die Strömungsrichtung der Grubenwässer bestimmt werden. Bei diesen Färbungsversuchen wird im Bereich des Eindringens der Wässer eine bestimmte Zeit lang eine Farbstoffmenge zugesetzt, und an Ausflußstellen der Grubenwässer, an Quellen oder in Bohrlöchern erfolgt in regelmäßigen Zeitabständen vom Zeitpunkt der Farbstoffzugabe bis zum Erlöschen der Verfärbung die Entnahme von Wasserproben.

Für diese Färbungsversuche muß ein im Wasser gut löslicher und noch in großer Verdünnung feststellbarer Stoff verwendet werden. Den einfachsten Nachweis des

Farbstoffes am Beobachtungspunkt gibt die visuelle Ermittlung. Auf diese Weise kann man jedoch eine größere Verdünnung nicht mehr nachweisen. Außerdem sind die Grubenwässer sehr oft stark trübe und führen Ausfällungen von Hydroxyden mit sich. Im ultravioletten Licht fluoreszierende Farbstoffe, deren Nachweis in den Wasserproben nicht durch die Eigenschaften des Grubenwassers beeinflußt wird, bringen exaktere Ergebnisse. Der von uns verwendete Farbstoff dieser Art war Uranin, ein Natriumsalz von Fluoreszein, das im Handel als technisches Fluoreszein bezeichnet wird. Gleiche Eigenschaften hat auch das Eosin.

Neuerdings werden auch radioaktive Isotope verwendet. Diese sehr empfindliche Methode ist jedoch wegen der Möglichkeit einer Erhöhung der Radioaktivität der Trinkwässer, da diese mit den zu untersuchenden Grubenwässern in Verbindung stehen können, mit Vorsicht zu verwenden. Im allgemeinen nimmt man daher zu solchen Versuchen Isotope mit kurzen Halbwertzeiten, was sich allerdings bei einem unvorhergesehenen längeren Umlauf zwischen der Dosierungsstelle und der Aufsichtsstelle negativ auswirken kann.

Methodik der durchgeführten Versuche

Die Färbversuche wurden folgendermaßen durchgeführt:

a) Vor Beginn der Versuche wurde sowohl die Durchflußmenge des Oberflächenwassers als auch die der Grubenwasserzuflüsse festgestellt. Diese Messungen erfolgten mit Hilfe von Überfallwehren nach THOMPSON oder PONCELET unter Verwendung des Koeffizienten $\mu = 0{,}62$ oder mit Hilfe des hydrometrischen Flügels. In einigen Fällen wurde die Durchflußmenge der Grubenwässer auch durch Messung der Fließgeschwindigkeit des Wassers in der Grubenrinne unter Verwendung des berichtigten Koeffizienten $k = 0{,}6$ bestimmt.

b) Der Färbversuch wurde mit technischem Fluoreszein bei konstanter Konzentration 120 Minuten lang in gleicher Intensität durchgeführt. Die verwendete Farbstoffmenge (in ganzen kg) war von der Durchflußmenge des Wassers abhängig. Die Fluoreszeindosierung und auch die Färbung des Oberflächenwassers führte ein Arbeiter durch, der an Bewertungsarbeiten der Probenahme sowie an anderen Arbeiten nicht beteiligt war.

c) Bevor der Farbstoff den Oberflächenwässern zugesetzt wurde, entnahm man an allen Beobachtungsstellen in der Grube eine Probe. Diese wurde dann, da in den Wässern Fe- und Cu-Hydroxyde enthalten sind, parallel mit im Laboratorium vorbereiteten Standardproben und den weiteren in der Grube entnommenen Proben untersucht. Gleichzeitig mit dem Farbstoffzusatz in die Oberflächenwässer begann man auch mit der Wasserprobenahme in der Grube.

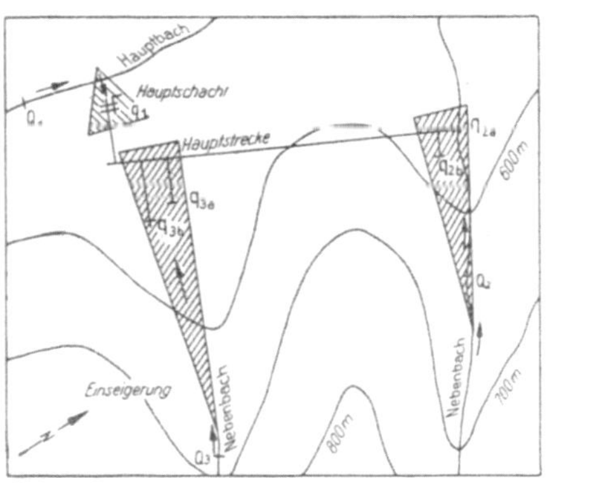

Abb. 1. Lageskizze des Untersuchungsgebietes

Q Färbungsstellen, q – Wasserzuflüsse in der Teufe, –> Bewegungsrichtung des einsickernden Wassers

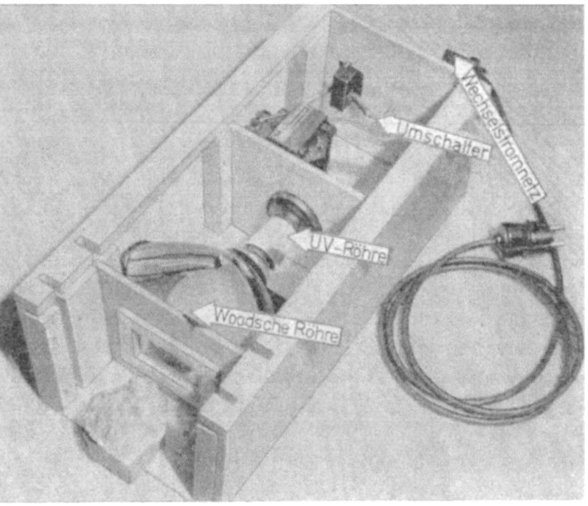

Abb. 2. Gerät nach DOBIÁŠ & KLÍR

d) In den Grubenzuflüssen erfolgte die Probenahme alle 20 Minuten. Die Versuchsdauer betrug im allgemeinen mindestens 72 Stunden. Wurde aber das Fluoreszein z. B. erst 60 Stunden nach Beginn des Färbversuches ermittelt, so verlängerte sich die Versuchsdauer; denn die Proben wurden bis 12 Stunden nach der letzten ermittelten gefärbten Probe genommen.

e) Alle 12 Stunden wurden an allen wesentlichen Wasserzuflüssen in der Grube weitere Kontrollproben entnommen. Soweit es betrieblich möglich war, erfolgte während dieser Zeit noch in kürzeren Zeitabständen die Entnahme von Teilproben.

f) Die Fluoreszeinkonzentration in den Grubenwasserproben wurde mit der in der Hydrogeologischen Abteilung des Instituts für Erzforschung in Prag von DOBIÁŠ & KLÍR entwickelten Apparatur (vgl. Abb. 2) bestimmt. Die Untersuchung fand im ultravioletten Licht unter Verwendung der Entladungsröhre LUMA Hg 80 W bei Vorschaltung der WOODschen Röhre statt. Die Speisung des Gerätes erfolgte aus dem Wechselstromnetz 220 V über Umschalter an die Drosselspule der Type HP 300, E = 220 V bei ~ 50. An die Drosselspule ist die UV-Röhre LUMA Type Hg 80 W, E-27/44 in einer Fassung nach ČSN angeschlossen und mit einer Antikathode versehen. Die Strahlen sind auf die Mitte der WOODschen Röhre gerichtet, die die Strahlen des sichtbaren Teiles des Spektrums adsorbiert. Die Proben werden im Raum vor der WOODschen Röhre untersucht und können von oben betrachtet werden. Zu beiden Seiten der zu analysierenden Probe sind die Standards angeordnet.

g) Der Grad der Verfärbung wurde durch Vergleich mit den im Laboratorium hergestellten Standardproben folgender Konzentrationen ermittelt: 10^{-3}, 10^{-4}, 10^{-5}, 10^{-6}, 10^{-7}, 10^{-8}, 10^{-9}. Um eine Verfälschung der Ergebnisse durch Niederschläge von Fe- und Cu-

Hydroxyden, die sich bei längerem Stehen aus den Grubenwasserproben ausscheiden, zu vermeiden, wurden die vor dem Farbstoffzusatz entnommenen Wasserproben gleichzeitig mit den später entnommenen untersucht.

Beschreibung und Ergebnisse einzelner Färbversuche

Färbversuch Nr. 1, durchgeführt vom 17.—26. 6. 1957. Nachdem der Hauptbach an der Stelle Q_1 (vgl. Abb. 1) mit technischem Fluoreszein gefärbt worden war, wurden die Zuflüsse in der Ausrichtungshauptstrecke sowie im Hauptschacht in regelmäßigen Zeitabständen untersucht. Die Verfärbung zeigte sich 21 Stunden nach Versuchsbeginn und wies während 6 Stunden eine gleichbleibende Intensität auf. Die ermittelte Verfärbung entsprach der im Laboratorium hergestellten Standardlösung mit der Konzentration 10^{-6}. Die Durchflußmenge des Hauptbaches bei Q betrug 767 l/min, der Wasserzufluß im Hauptschacht (q_1) rund 30 l/min.

Beim Färbversuch Nr. 2, durchgeführt vom 9.—12. 10. 1957, wurde der Bach im ersten Quertal an der Stelle Q_2 (vgl. Abb. 1) — Durchflußmenge 166 l/min — mit technischem Fluoreszein gefärbt. Es konnte festgestellt werden, daß ein Zusammenhang zwischen dem von diesem Bach einsickernden Wasser und den Zuflüssen in der Ausrichtungsstrecke und im Querschlag nach Süd besteht. Nach 32 Stunden verfärbte sich für 7 Stunden der Zufluß in der Ausrichtungsstrecke, die Verfärbungsintensität war 10^{-5}. Die Verfärbung des Zuflusses im Querschlag nach Süd trat zweimal auf. 4 Stunden nach Beginn des Versuches dauerte sie bei einer Intensität von 10^{-5} 8 Stunden, 22 Stunden nach Beginn des Versuchs betrug sie 7 Stunden bei der Intensität 10^{-3}. In der Ausrichtungsstrecke (q_{2a}) betrug der Wasserzufluß 20 l/min, im Querschlag nach Süd (q_{2b}) 19 l/min.

Beim Färbversuch Nr. 3, durchgeführt vom 12.—15. 11. 1957, wurde ein weiterer Bach der Quertäler bei Q_3 (vgl. Abb. 1) mit technischem Fluoreszein gefärbt. Dabei wurde ein Zusammenhang zwischen dem einsickernden Wasser dieses Baches und den Zuflüssen in zwei Querschlägen nach Süd festgestellt. Das im ersten Querschlag nach Süd zusetzende Wasser verfärbte sich nach 35 Stunden für 8 Stunden; im zweiten Querschlag nach Süd zeigte sich die Verfärbung nach 60 Stunden und dauerte 7 Stunden. Für beide Verfärbungen wurde eine Intensität von 10^{-6} ermittelt. Die Durchflußmenge des Baches bei Q_3 betrug 61 l/min, der Zufluß im ersten Querschlag nach Süd (q_{3a}) hatte eine Ergiebigkeit von 20 l/min, der im zweiten Querschlag nach Süd (q_{3b}) eine solche von 10 l/min. Obwohl der Bach etwa 150 bis 200 m von der Färbungsstelle entfernt vollständig versickerte, konnte kein weiterer Zusammenhang mit den Grubenwasserzuflüssen nachgewiesen werden.

Ergebnis der Untersuchungen

Die durchgeführten Färbversuche bestätigten das unmittelbare Eindringen der Oberflächenwässer in die Grubenbaue und stellten auch die Bewegungsrichtung, d. h. die Grubenwasserströmung, fest. Die Strömungsgeschwindigkeit des versickernden Wassers ist im Verlauf von 4 bis 60 Stunden durch einen Minimal- und einen Maximalwert charakterisiert. In analogen Zeitabständen werden sich also auch nach langen Regengüssen, plötzlichen Wolkenbrüchen und nach der Schneeschmelze die Wasserzuflüsse erhöhen. Die Dauer der erhöhten Wasserzuflüsse in die Grube entspricht dagegen dem Intervall der eigentlichen Verfärbung der Grubenwässer. Dieses betrug bei einer Färbungszeit von 120 min 6—8 Stunden. Demzufolge ist z. B. bei heftigen, 120 min anhaltenden Niederschlägen ebenfalls 6—8 Stunden später in der Grube mit erhöhten Wasserzuflüssen zu rechnen.

Wie die durchgeführte Berechnung zeigt, wird durch die erhöhten Wasserzuflüsse die Wasserwirtschaft der Grube jedoch nicht wesentlich belastet. Dies sieht man am besten aus den weiter unten angeführten Brüchen, in deren Zählern die Durchflußmengen der Oberflächenwässer und in deren Nennern die ermittelten, in die Grube eingesickerten Wassermengen angeführt sind:

Q = Durchflußmenge des Oberflächenwassers

q = in die Grube eingesickerte Wassermengen

$$\frac{Q_1}{q_1} = \frac{767}{30}\,;\ \frac{Q_2}{q_{2a}+q_{2b}} = \frac{166}{39}\,;\ \frac{Q_3}{q_{3a}+q_{3b}} = \frac{61}{30}$$

Diese Werte sind in l/min angegeben.

Zusammenfassend kann also gesagt werden, daß eine Verlegung der Bachläufe nicht nötig und vor allem nicht wirtschaftlich ist.

Zusammenfassung

In einer Eisenerzlagerstätte wurden Menge und Fließgeschwindigkeit der in die Grubenbaue eindringenden Oberflächenwässer festgestellt. Die Färbversuche mit technischem Fluoreszein ergaben eine Versickerungszeit von 4 bis 60 Stunden bei einer Dauer der Verfärbung von 6 bis 8 Stunden. Entsprechend tritt dann auch nach starken Regenfällen in der Grube der erhöhte Wasserzufluß auf. Die Wasserwirtschaft der Grube wird dabei jedoch nicht so belastet, daß eine Vorflutverlegung nötig ist.

Резюме

На месторождении железа были определены количество и скорость течения проникающих в горные выработки поверхностных вод. Опыты окраски вод с техническим флюоресцеином показали время просачивания в 4—60 часов при длительности окраски в 6—8 часов. Соответственно после сильных дождей в руднике наблюдается повышенный приток воды. При этом водный режим рудника не нагружается в такой степени, заставляющей перемещать водные сооружения на другое место.

Summary

The amount and flow velocity of superficial waters penetrating into the underground mines of an iron ore deposit were determined. Colour tests using technical fluorescein showed an infiltration time spreading over 4 to 60 hours at a duration lasting 6 to 8 hours for the discoloration. An adequately increased flow of water is found in the mine after heavy rainfall. The water economy of the mine is however not so loaded as to require a displacement of the discharge.

Literatur

DOBIÁŠ, J., & S. KLÍR: „Použiti fluoresceinu při výzkumu hydrogeologickych poměrů rudného ložiska". — Jb. Inst. f. Erzforsch., Jg. II, Prag 1958.

Graphische Verfahren für die Profilkonstruktion[1]

W. I. SKOK, Nowo Sibirsk

Beim Bau von Schachtanlagen im Kusbass, in Karaganda und den anderen Kohlenbecken mit gefalteten Flözen zeigte sich bei der Überprüfung der geologischen Erkundungsdaten durch bergmännische Auffahrungen, daß die angenommenen geologischen Verhältnisse oft nicht der Wirklichkeit entsprachen. In vielen Fällen war der Grund dafür das Nichtbefolgen der bekannten Regel der Winkelhalbierenden bei der graphischen Konstruktion der geologischen Profile.

Das Zeichnen der Profile erfolgt oft willkürlich und ohne Berücksichtigung des gemessenen Schichteinfallens, was zu Fehlbestimmungen der Faltenausbildung, der Lage ihrer Scheitelpunkte usw. führt. In der Regel werden — ohne das durch geologische Aufschlüsse festgestellte Schichteinfallen zu beachten — gleiche Kohlenflöze im geologischen Profil zwischen den Aufschlüssen durch gerade Linien verbunden. Auf diese Weise entstehen oft falsche Vorstellungen über tektonischen Bau und Lagerung der Gesteinsschichten.

Die geologische Grundlage für die im folgenden vorgeschlagenen Verfahren der Profilkonstruktionen bilden die am Bohrkern gemessenen Fallwinkel zwischen den Gesteinsschichten und der Senkrechten zur Bohrlochachse bzw. der Schichtfläche und der Bohrlochachse. Da von der genauen Kenntnis der Veränderung des Schichteinfallens die Genauigkeit der Konstruktion der geologischen Profile abhängt, müssen entsprechende Messungen, wenn es die Kernausbildung gestattet, immer ausgeführt werden. Eine Winkelmessung in Abständen geringer als 3—5 m ist jedoch nur bei wesentlichen Veränderungen des Fallwinkels notwendig. Die Fallwinkelmessungen sind vorwiegend an den oberen Schichten eines Sedimentationszyklus durchzuführen, in denen feinkörnige Gesteine (Tone und Schluffe) auftreten, die am regelmäßigsten ausgebildete und gewöhnlich gut erkennbare Schichtung zeigen. In Sandsteinen soll der Fallwinkel nahe am Hangenden der Schicht gemessen werden, wo die Schichtung durch die verschiedenen Einflüsse am wenigsten verzerrt ist. Eine Messung des Fallwinkels unmittelbar an der Schichtgrenze zwischen dem Kohlenflöz und dem Hangenden bzw. dem Liegenden ist infolge stattgefundener Schichtenverschiebung im allgemeinen ungenau. Dies muß bei der Konstruktion der Profile berücksichtigt werden.

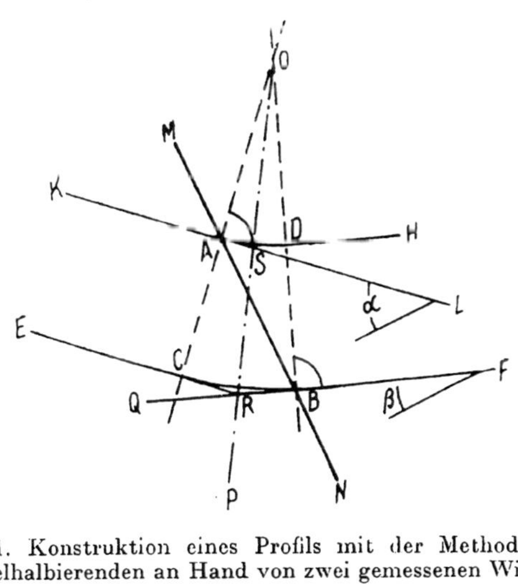

Abb. 1. Konstruktion eines Profils mit der Methode der Winkelhalbierenden an Hand von zwei gemessenen Winkeln

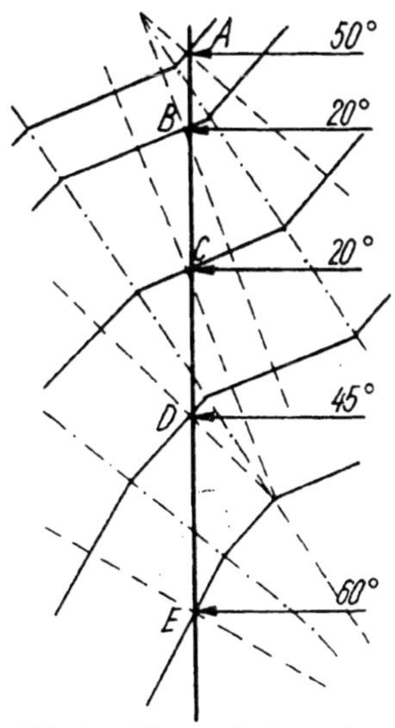

Abb. 2. Konstruktion eines Profils mit der Methode der Winkelhalbierenden an Hand von mehreren gemessenen Winkeln

Es ist zweckmäßig, die Meßwerte nach ihrer Aussagesicherheit in drei Gruppen zu gliedern. Die der Aussagesicherheit der Messung entsprechende Ziffer wird nun in Klammern hinter dem Fallwinkel angegeben; z. B. 24° (3), 28° (1). Außerdem muß unbedingt die Teufe angegeben werden, in der der Fallwinkel gemessen wurde.

Das Verfahren der Winkelhalbierenden ist beim Zeichnen geologischer Profile nur anwendbar, wenn folgende Voraussetzungen erfüllt sind:

1. die Mächtigkeit der Gesteinsschichten im Bereich des angefertigten geologischen Profiles ist konstant;
2. die Fallwinkel der Gesteine verändern sich stetig.

Profilkonstruktion mit der Methode der Winkelhalbierenden:

Die Gerade MN (Abb. 1) stellt die Bohrlochachse dar. An den Punkten A und B wurden die Fallwinkel α und β gemessen (entsprechend KL und QF). Graphisch sollen nun die wahre Mächtigkeit der Gesteinsschicht AB gefunden und die Fallwinkel α und β so konstruiert werden, daß beide obengenannten Bedingungen erfüllt sind. Zu diesem Zweck wird im Punkt A eine Senkrechte zur Geraden KL und im Punkt B eine Senkrechte zur Geraden QF errichtet, die sich im Punkt O schneiden. Dann wird die Winkelhalbierende OP des Winkels AOB gezeichnet, die die Geraden KL und QF in den Punkten S und R schneidet. Zeichnet man jetzt vom Punkt S eine Gerade SH parallel zur oberen Fallinie QF und vom Punkt R eine Gerade RE parallel zur oberen Fallinie KL und schlägt um den Punkt O mit den Radien AO und CO die Kreisbogen AD und CB, so erhält man die gewünschte Konstruktion.

Ein komplizierteres Beispiel zeigt Abb. 2. Es wurden die Fallwinkel an den Punkten A, B, C, D und E gemessen.

Von großer Bedeutung ist die genaue Kenntnis des Meßortes. Wenn sich bei konstanter senkrechter Mächtigkeit der Gesteinsschicht und konstanter Größe der Fallwinkel der Ort einer der Messungen verändert, verändern sich damit nicht nur die wahre Mächtigkeit der Schicht beträchtlich, sondern auch die Einzelheiten der Tektonik (Abb. 3).

Bei der Anfertigung der einzelnen Bohrprofile beginnt man am besten mit der Konstruktion der Fallwinkel an den Meßpunkten. Dann werden alle Senkrechten und Winkelhalbierenden eingezeichnet und die verschiedenen Fallwinkel im Gesamtprofil konstruiert.

[1]) Aus: „Raswedka i Ochrana Nedr“, H. 1, 1959, S. 15—18. Übers.: Dr. BINTIG

Darauf werden die Schichtgrenzen zwischen den verschiedenen Gesteinen eingetragen, die parallel zu den Fallinien verlaufen.

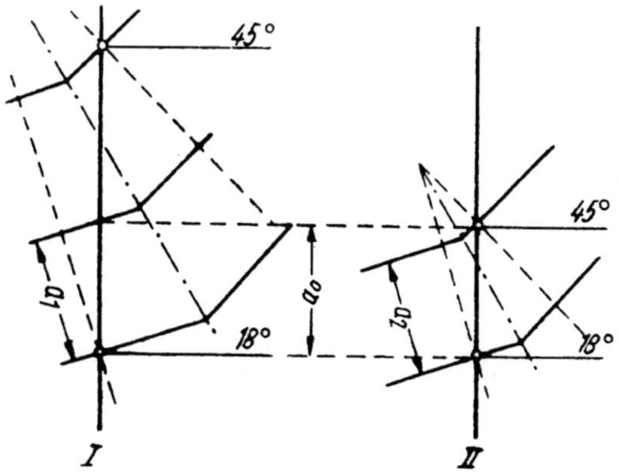

Abb. 3. Konstruktion der zu bestimmenden Schichtmächtigkeit in Abhängigkeit vom Abstand zwischen den Winkelmeßpunkten

Schneiden sich auf der Zeichnung zwei benachbarte Winkelhalbierende, so muß von ihrem Schnittpunkt aus eine neue Winkelhalbierende auf folgende Weise konstruiert werden:

Die Winkelhalbierenden I und II schneiden sich im Punkt O_1 (Abb. 4). Die neue Winkelhalbierende V, die vom Punkt O_1 ausgeht, muß den Winkel halbieren, der von der Fallinie O_1A oberhalb der Winkelhalbierenden I und der Fallinie O_1B zwischen den Winkelhalbierenden II und III gebildet wird. Auf analoge Weise erhält man auch die Winkelhalbierende VI, die den Winkel teilt, der sich aus den Fallinien oberhalb der Winkelhalbierenden I und unterhalb der Winkelhalbierenden III ergibt.

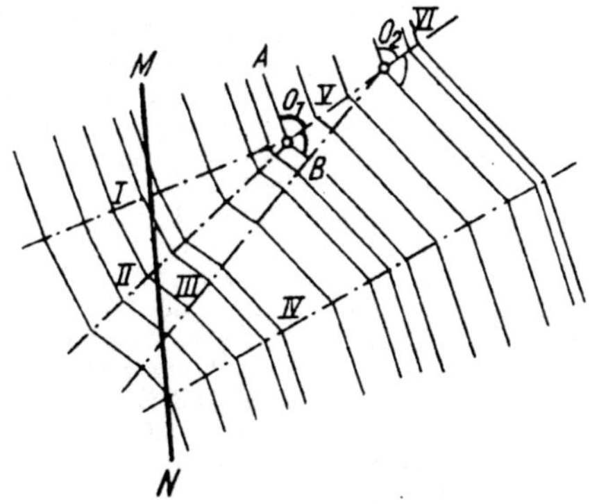

Abb. 4. Bestimmung des Fallwinkels der von den Meßpunkten entfernten Gesteinsschichten mit der Methode der Winkelhalbierenden

Die gesamte ebenbeschriebene Konstruktion kann durch immer weitere Winkelhalbierende fortgesetzt werden. Das Verfahren sollte jedoch durch die Senkrechten auf die Fallinien im Schnittpunkt der Bohrung mit den primären Gesteinen und in der Endteufe begrenzt werden, wie es bei der Bohrung 2 (Abb. 5) erfolgte. Es muß darauf hingewiesen werden, daß eine Begrenzung der sich aus den Bohrungen ergebenden Konstruktionsfläche durch diese Senkrechten nicht immer richtig ist und in gewissem Grade unter Vorbehalt erfolgt, was bei der Koordinierung benachbarter Aufschlüsse zu beachten ist.

Die Konstruktion von Bohrprofilen wird auch durch die in der Nähe der Aufschlüsse verlaufenden Faltenachsen begrenzt (Abb. 5, Bohrung 4), weil die Konstruktion mit Hilfe der Winkelhalbierenden nur im Bereich eines Faltenschenkels möglich ist. Trifft das Bohrloch auf eine disjunktive Störung, so darf das Profil ebenfalls nicht in Form durchgehender Linien für den ganzen Teufenbereich des Bohrloches angelegt werden. In diesem Fall muß die Konstruktion für jeden Block einzeln erfolgen (Abb. 5, Bohrung 4).

Die Konstruktion von Profilen der einzelnen Bohrungen mittels der beschriebenen Methode gestattet, das Aushalten des Schichtfallens zu beurteilen und Schlußfolgerungen über die wahrscheinliche Ausbildung der einzelnen tektonischen Strukturelemente zu ziehen. Bei der Konstruktion des Gesamtprofils müssen zunächst die Bohrprofile für jede Bohrung einzeln angefertigt werden. Erst dann können benachbarte Bohrungen koordiniert und dabei die nicht notwendigen Konstruktionen außer Betracht gelassen werden. So wird zum Beispiel ein Teil der Konstruktion für die Bohrung 4 (s. Abb. 5) bei einer Koordinierung der Profile entlang einer Linie überflüssig, während ein anderer Teil lediglich als Hilfsmittel für die Auswahl der besten Variante bei der Koordinierung dient. Die Schichtgrenzen der Gesteinspakete werden im Gesamtprofil zwischen den einzelnen Bohrprofilen gewöhnlich nicht durchgezogen. Dazu müßte man, um auch Störungen mit geringer Sprunghöhe erfassen zu können, in sämtlichen Bohrungen alle Gesteinsschichten und die Kerne genau vergleichen. Für die Praxis genügt es jedoch vollständig, die Schichtgrenzen zwischen den Gesteinspaketen lediglich in einem schmalen Streifen beiderseitig der Bohrlochachse festzulegen und für das übrige Gebiet nur das Kohlenflöz oder andere Leitschichten anzugeben.

Liegt das Erkundungsprofil nicht senkrecht, sondern diagonal zum Streichen und ist der Winkel zwischen diesen beiden Linien bekannt, so werden alle wahren Fallwinkel auf scheinbare umgerechnet und das gesamte Profil nach diesen scheinbaren Winkeln konstruiert. In einer Anmerkung müssen aber nicht nur die wahren, sondern auch die scheinbaren Fallwinkel angegeben werden.

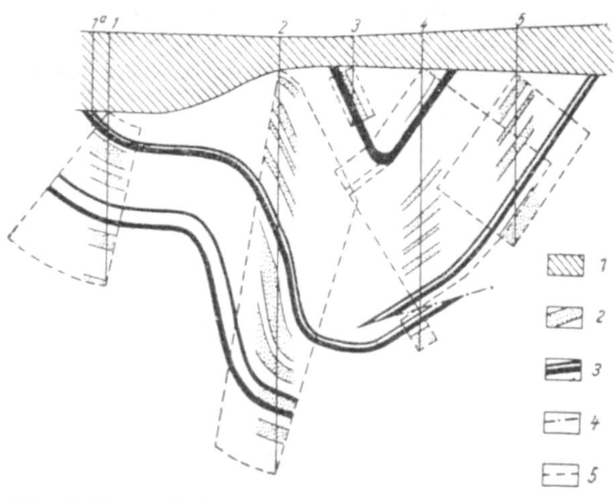

Abb. 5. Konstruktion eines Profils an Hand einer Erkundungslinie mit der Methode der Winkelhalbierenden

1 — lockere Deckablagerungen, 2 — Sandsteine, 3 — Kohlenflöze, 4 — disjunktive Störungen, 5 — Begrenzungslinien für die Konstruktionen an Hand der einzelnen Bohrungen

In den Faltenscheiteln verändert sich die Streichrichtung stetig bis zur völligen Übereinstimmung mit der Richtung des Erkundungsprofils, wodurch sich auch die scheinbaren Winkel ändern. Daher ist die Konstruktion der scheinbaren Winkel bei einer stetigen Veränderung der Streichrichtung der Gesteinsschichten mühevoll und ziemlich ungenau. In diesem Fall muß eine vorläufige Profilkonstruktion in einem großen Maßstab (1 : 1000) ohne Anwendung der Winkelhalbierenden erfolgen. Erst wenn man durch ein geeignetes Verfahren das Gesamtprofil in diesem Maßstab konstruiert hat, kann dieses in einem kleineren Maßstab (1 : 2000 oder 1 : 2500) angelegt werden. Dieses zweimalige Zeichnen der Profile gestattet eine genauere Profilkonstruktion.

Eine derartige Konstruktion der Profile mag auf den ersten Blick kompliziert und mit viel Zeitaufwand verbunden erscheinen. Ein Zeichnen der Profile frei Hand führt jedoch zu Fehlern und Ungenauigkeiten. Das bei der Dokumentation von Erkundungsaufschlüssen erhaltene Material muß aber mit der größten Sorgfalt und Vollständigkeit ausgewertet werden. Nur dann kann man damit rechnen, daß die Konstruktionen den wirklichen Verhältnissen möglichst weitgehend entsprechen.

Erfahrungen bei der Zusammenarbeit mit den örtlichen Organen der Staatsmacht

RUDOLF HOHL, Halle (Saale)

Einleitung

Nach dem 2. Weltkrieg besaß die damalige Geologische Landesanstalt in der sowjetischen Besatzungszone als Vorläufer des heutigen Zentralen Geologischen Dienstes bzw. der Staatlichen Geologischen Kommission zunächst Zweigstellen am Sitz bereits bestehender staatlicher geologischer Institutionen (z. B. Freiberg, Jena). Zugleich ergab sich die Notwendigkeit, weitere Dienststellen zu errichten, um den veränderten politischen Verhältnissen gerecht zu werden und in allen damaligen Ländern entsprechende Zweigstellen zu haben. So wurde z. B. in Halle (Saale) eine geologische Stelle für das Land Sachsen-Anhalt gegründet, der jetzige Geologische Dienst Halle.

Mit der weiteren Demokratisierung unseres Verwaltungsapparats und der damit verbundenen Vereinfachung desselben entstanden auch für die Geologen immer neue Aufgaben, zum Beispiel durch die Schaffung der Bezirke, für die die bisherigen Geologischen Dienste der Länder zuständig waren. Die Umstellung ging infolge Neueingliederung einzelner Kreise nicht ohne Schwierigkeiten vor sich, da zum Beispiel zum Bezirk Leipzig, der von der Zweigstelle Freiberg (Sa.) betreut wurde, die bisher von Halle bzw. Jena bearbeiteten Kreise Delitzsch, Eilenburg und Torgau bzw. Altenburg und Schmölln hinzukamen und das Gebiet wesentlich erweiterten. Der Austausch der vorhandenen Unterlagen und die termingemäße Erledigung der anfallenden Aufgaben führte zu manchen Überschneidungen. Weitaus schwieriger war die Tatsache, daß in den betreffenden Gebieten regionalgeologisch erfahrene Fachkräfte tätig waren, deren Wissen und Können naturgemäß den neu in den betreffenden Räumen tätigen Kollegen fehlte. Bekanntlich spielen bei angewandt-geologischen Fragen solche Kenntnisse eine wichtige Rolle. Daher einigte man sich für die ersten Jahre insofern auf eine Kompromißlösung, als zunächst die geologische Bearbeitung in diesen Kreisen weiter von der bisherigen Stelle aus erfolgte und die Übergabe des Materials sowie die Übernahme der Gebiete von den neu dafür zuständigen Stellen schrittweise vor sich ging. Diese Maßnahme hat sich, wie wir heute feststellen dürfen, durchaus bewährt.

Vordringlich ist gegenwärtig die Errichtung von beratenden geologischen Stellen am Sitz der Räte der Bezirke. Besonders bei dem raschen Tempo der sozialistischen Umgestaltung unserer Dörfer ergeben sich beinahe täglich Probleme, die nicht mehr von den oft weit entfernt bei den Geologischen Diensten sitzenden Fachabteilungen gelöst werden können.

Erfahrungen beim Aufbau einer Arbeitsstelle

In den Jahren nach dem 2. Weltkrieg bestand Mangel an Kraftfahrzeugen, und auch die übrigen Verkehrsverhältnisse waren denkbar ungünstig. Verkehrsmäßig besonders ungünstig lag in Sachsen der Leipziger Raum, der von Freiberg aus, dem Sitz der Zweigstelle, betreut wurde.

Als Verf. Anfang 1949 bei der Geologischen Landesanstalt eintrat, übernahm er die Betreuung der Arbeiten im Leipziger Raum. Zunächst handelte es sich darum, Bohr- und Aufschlußvorhaben der Geologischen Landesanstalt in Leipzig und in der weiteren Umgebung zu beaufsichtigen und zu bearbeiten, die Beziehungen zu Bohrbetrieben und freischaffenden Geologen des Gebietes in Übereinstimmung mit der Geologischen Landesanstalt sowie ihren Zweigstellen in Freiberg und Halle aufzunehmen und aufrechtzuerhalten. Weiterhin sollten die immer zahlreicher anfallenden Bohrungen an Hand der Bohrproben aufgenommen werden. Bald ergab sich dadurch eine enge Verbindung mit den Wasserwirtschafts- und Projektierungsbetrieben. War es auf der einen Seite die Beratung in Baugrundfragen, so auf der anderen die umfangreiche Begutachtung von Brunnenbohrungen usw. Besonders gut war bald die Zusammenarbeit mit dem Wasserwerksbetrieb der Stadt Leipzig, mit dem damaligen Wasserversorgungsverband Nordwestsachsen (jetzt Wasserwirtschaftsdirektion Saale—Weiße Elster) und der Industrieprojektierung.

Durch die regelmäßige Bearbeitung der Bohrungen und ihre Befahrung konnte nicht nur ein enger Kontakt mit Bohrmeistern und Bohrfirmen hergestellt werden, sondern es wurde auch das Bohrarchiv des Geologischen Dienstes Freiberg erweitert und ein Weg gefunden, der sich noch heute insofern auswirkt, als gewisse Bohrbetriebe die Proben sämtlicher Bohrungen aufheben und zur Bearbeitung durch Geologen des Geologischen Dienstes bereithalten. Es dürfte daher kaum ein weiteres Gebiet in der Deutschen Demokratischen Republik geben, in dem die Anzahl der gemeldeten und bearbeiteten Bohrungen so groß ist wie im Leipziger Raum.

Im Zusammenhang damit ergab sich in steigendem Maße auch eine Verbindung mit weiteren kommunalen oder betrieblichen Auftraggebern für Bohrungen und insofern eine engere Zusammenarbeit mit dem Geologischen Dienst. War es z. B. das ehemalige Sächsische Wasserbauamt mit seinen Zweigstellen in Leipzig und ganz besonders auch in Döbeln, wo kaum ein Projekt begonnen wurde, das nicht hydrogeologisch beraten und begutachtet gewesen wäre, war es irgendein Industriewerk, das weiches Wasser suchte, oder eine Brauerei, die wegen der Wassereigenschaften Schwierigkeiten mit ihren Erzeugnissen hatte, oder war es eine Gemeinde, deren Trinkwasserversorgung nicht gesichert war, oder auch eine Ziegelei, bei der der Rohstoff zur Neige ging, immer wieder wurde von seiten des Geologischen Dienstes versucht, schnellstens und unbürokratisch zu helfen.

In der gleichen Zeit entwickelten sich im Raume Leipzig auch andere Aufgaben immer stürmischer. Besonders Fragen der Baustoffbeschaffung und der Nachweis keramischer Rohstoffe standen im Vordergrund. Nicht weniger wichtig war die Überwachung von Braunkohlenbohrungen im Weißelster-Becken, die in steigender Zahl gestoßen, teilweise als Erkundungsobjekte des Geologischen Dienstes bearbeitet oder auch im Rahmen von Werksbohrungen allein oder auch gemeinsam mit Technikern der Braunkohlenverwaltungen befahren und dokumentiert wurden.

Durch Erweiterung des Personalbestandes in den Jahren 1952/53 wurde die weiter angewachsene, äußerst vielseitige Arbeit wesentlich erleichtert.

Inzwischen ist aus den kleinen Anfängen von 1949 längst eine bekannte Arbeitsstelle geworden, deren Mitarbeiter immer wieder gerufen werden, wenn irgendwo im Bezirk geologische Fragen auftauchen. Ein Kollege (Diplom-Geologe) steht jetzt dem Bezirk als ständiger Berater zur Verfügung. Aber auch die übrigen Mitarbeiter nehmen rege an den Aufgaben des Bezirkes teil und suchen von sich aus mit allen Dienststellen des Leipziger Raumes eine enge Verbindung zu halten.

Zusammenarbeit mit den örtlichen Organen der Staatsmacht

a) Baustoffe

Als die Bezirke gegründet wurden, waren bei der Arbeitsstelle Leipzig bereits gute Voraussetzungen für eine enge Zusammenarbeit mit den Fachabteilungen des Rates des Bezirkes bzw. der Kreise vorhanden. Die ersten Untersuchungen galten der Baustofferkundung, wobei Bezirk, Kreise und VEB(K)-Betriebe eingeschaltet waren und die Arbeiten gemeinsam abgesprochen wurden. Meist wurden zunächst Gutachten über die Perspektive bzw. die Rohstoffgrundlage von Betrieben oder Gebieten angefertigt und Bohrungen und anderes mehr vorgeschlagen, die später größtenteils von Kollegen der Arbeitsstelle betreut und auch ausgewertet wurden. Erst kürzlich wurde über die gesammelten Erfahrungen in dieser Zeitschrift berichtet (R. HOHL & P. BÖHME 1960, S. 390). Speziell ging es dabei meist um die Beschaffung von Betonzuschlagstoffen, von denen bei der sich erweiternden Bautätigkeit immer größere Mengen benötigt wurden, wobei die Jahresproduktion bestehender Betriebe sich oft auf das Zehn- und Mehrfache steigerte. Daneben wurden auch Ziegellehme und -tone in größerem Umfang untersucht und bemerkenswerte Steinbrüche geologisch aufgenommommen.

Es entstand der Wunsch, auch den Erkundungsplan der Staatlichen Geologischen Kommission auf dem Sektor Steine und Erden bzw. Grundwasser usw. mit Vertretern des Bezirkes zu diskutieren, entsprechende Vorschläge zur Erkundung von Rohstoffen zu prüfen, gutzuheißen und in den Staatsplan aufzunehmen oder auch begründet abzulehnen. Dabei wurden oft von den Geologen selbst Erkundungsmaßnahmen in bestimmten Gebieten vorgeschlagen, zumal diese die Rohstoffgrundlagen meist besser übersehen konnten als die Kollegen vom Bezirk. Gleichgültig, ob es die Fachreferenten, die Abteilungsleiter, der Stellvertretende Vorsitzende des Bezirkes oder später der Wirtschaftrat waren, die Zusammenarbeit wurde von beiden Seiten gesucht und gefördert.

Nach langjährigen Erfahrungen erscheint es mir am wichtigsten, oft mit einer Beratung nicht so lange zu warten, bis der Geologische Dienst angeschrieben oder Wünsche auf anderen Wegen an ihn herangetragen werden. Vor allem aber ist jetzt, wo es um die so wichtige sozialistische Umgestaltung des Dorfes in kurzer Zeit geht und täglich viele neue Probleme anfallen, wichtig, eine starke Eigeninitiative zu entfalten. Wirksame Hilfe ist auch hier nur in kollektiver Zusammenarbeit am Objekt selbst möglich.

b) Baugrund

Neben der Suche nach Baustoffen für neu zu errichtende Bauten und Straßen gilt es, den Baugrund zu beurteilen, um in den Fällen, wo bei der Planung ungünstige Verhältnisse im Untergrund nicht berücksichtigt wurden, möglichst sofort zu einer Verlegung der Bauwerke zu gelangen oder zumindest Maßnahmen vorzuschlagen, die eine technisch brauchbare und ökonomisch vertretbare Lösung der Baumaßnahmen ermöglichen. Zwar kann man mit modernen Methoden überall bauen, es fragt sich aber, mit welchem Aufwand. So ist auch hierbei eine möglichst frühzeitige Einschaltung der Ingenieurgeologie der einzige Weg, um größere Schäden und unnötige Kosten zu verhüten.

c) Wasserversorgung

Viel umfassender und schwieriger als die im ganzen vorwiegend lokalen Fragen der Ingenieurgeologie sind die Probleme der Wasserversorgung, die meist nur durch regionale Untersuchungen zu lösen sind. Sie hängen insofern mit Baugrundfragen zusammen, als einmal auch das oberste Wasser im Untergrund für Bauwerke eine Rolle spielt, dann aber auch, weil in der Vergangenheit nicht selten größere Bauwerke geplant, ja mitunter sogar errichtet wurden, z. B. Offenställe, ohne daß man der Frage der Wasserbeschaffung zur gegebenen Zeit genügend Aufmerksamkeit geschenkt hatte. Da gerade für größere Stallanlagen seitens der Hygieneinspektionen bestimmte Forderungen bestehen (z. B. Lage nicht in der Hauptwindrichtung zum Dorf, genügend weit von den nächsten Wohnbauten entfernt), ist man mitunter geneigt, solche Bauwerke auf kleineren Erhebungen oder an deren Flanken zu projektieren, zumal damit die Abwässerung erleichtert wird. Solche Stellen sind aber vielfach hydrogeologisch ungünstig. Das Wasser muß deshalb oft mühsam in weit entfernten Sickerfassungen einzelner kleiner Tälchen oder in Geländesenken gesammelt, in kostspieligen, sehr langen Rohrleitungen herangeführt und schließlich über eine Pumpanlage zum Stall hochgepumpt werden, wobei häufig auch noch Zwischenbehälter nötig sind. So kann es vorkommen, daß die Wassergewinnung- bzw. -versorgung das Mehrfache der ganzen Stallanlage kostet. Auch hierbei kann es daher nur eine einzige Lösung geben, wenn Fehler vermieden werden sollen: Bereits bei der Vorplanung muß der Geologe gehört werden und angeben, ob oder wo eine ausreichende Wasserversorgung unter Berücksichtigung des Bedarfs und der Perspektiven sichergestellt werden kann; ob eine Sickerfassung, ein Flachbrunnen oder ein Tiefbrunnen in Betracht kommt, damit von vornherein die erforderlichen Mittel bereitgestellt und auch die technischen Maßnahmen vorbereitet werden können. Gleiches gilt naturgemäß für zentrale bzw. Gruppenwasserversorgungsanlagen, die innerhalb der angebahnten Entwicklung ständig an Bedeutung gewinnen, besonders im Bereich der landwirtschaftlich genutzten Gebiete der Deutschen Demokratischen Republik. Hier ist heute noch nicht einmal die Hälfte der Ortschaften zentral versorgt. Die Sozialisierung des Dorfes, die Errichtung von Zentraldörfern usw. verlangen gebieterisch eine Abkehr von den meist recht wenig hygienischen Einzelbrunnen, die oft genug noch gemauerte Kesselbrunnen mit Holzabdeckung und Holzpumpe sind.

Speziell auf dem Gebiete der Wasserversorgung hat die Zahl der gegebenen Gutachten für Gemeinden und Industrie in Zusammenhang mit einem ständig gesteigerten Wasserbedarf überall weiter zugenommen und wird ständig ansteigen. Dabei ist gerade die Kaderfrage auf dem Gebiet der Hydrogeologie schwierig, und es stehen bei weitem nicht genügend Fachkräfte zur Verfügung. Es gibt zu wenig Geologen, die sich für diesen Zweig ihrer Wissenschaft interessieren, obwohl die Bearbeitung hydrogeologischer Probleme nicht ohne intensive stratigraphische und tektonische Untersuchungen möglich ist und außerdem gute regionalgeologische Kenntnisse verlangt, so daß eine solche Tätigkeit auch den Kollegen wissenschaftliche Befriedigung gewähren könnte, die sich eigentlich einem anderen Spezialgebiet der Geologie zuwenden wollten. Dabei braucht ein hydrogeologisch arbeitender Kollege durchaus nicht seine Diplomarbeit auf dem gleichen Gebiet angefertigt zu haben, ja vielleicht ist es sogar besser, wenn er sich mit einem anderen Thema beschäftigt hat. Aus eigener Erfahrung darf festgestellt werden, daß die fähigsten Mitarbeiter auf hydrogeologischem Gebiet meist aus ganz anderen fachlichen Disziplinen kamen. Der beste Hydrogeologe wird der werden, der eine möglichst vielseitige, gut fundierte Grundausbildung genossen, im Gelände beobachten gelernt hat und seine Erkenntnisse zu deuten und anzuwenden versteht, der außerdem bereits während seines Studiums mit praktisch-angewandten Fragen seines Faches vertraut gemacht wurde, wozu auch eine Kenntnis der Einsatzmöglichkeiten der angewandten Geophysik und laboratorischer Prüfungen gehört.

Ganz besonders wünschenswert wäre für die Arbeit der Bezirke bzw. Kreise eine möglichst in kürzester Frist auszuarbeitende hydrogeologische Übersichtskarte im Maßstab 1:200000. Dadurch würden oft Sitzungen unnötig, manche Anfragen gespart und Zeit gewonnen. Eine Bearbeitung könnte gegebenfalls im Rahmen der Vertragsforschung gemeinsam von den Geologischen Diensten und den Hochschulinstituten erfolgen.

d) Bodengeologie

Während bisher das Fachgebiet Bodengeologie sich im wesentlichen mit der Kippenrekultivierung, zum Teil auch mit bodenkundlichen Kartierungen von Meßtischblättern oder mit der Ergänzung geologischer Neuaufnahmen von Meßtischblättern durch bodenkundliche Kapitel in den Erläuterungen beschäftigt hat, dürften bei der sozialistischen Umgestaltung der Landwirtschaft neue Aufgaben erwachsen, die mit der zweckmäßigsten Nutzung von Grund und Boden, mit der Überführung von Wald in Ackerland und ähnlichen Fragen in Zusammenhang stehen. Daher müßte auch die Anzahl bodengeologisch arbeitender Kollegen in den Geologischen Diensten verstärkt werden.

Zusammenfassung

Beim Aufbau des Sozialismus in der Deutschen Demokratischen Republik sowie bei der sozialistischen Umgestaltung der Landwirtschaft müssen die örtlichen Organe der Staatsmacht durch geologische Beratung an Ort und Stelle unterstützt werden. Dies betrifft zunächst gemeinsame Arbeiten auf Bezirksebene, mit dem Wirtschaftsrat und mit den zuständigen Fachreferenten, darüber hinaus aber auch mit den Kreisen und Gemeinden sowie mit den landwirtschaftlichen Produktionsgenossenschaften und der volkseigenen Industrie. Geologische Fragen ergeben sich besonders bei der Baustoffbeschaffung, bei ingenieurgeologischen Problemen des Untergrundes und vor allem bei der Wasserversorgung, die einen Schwerpunkt darstellt und für die Lösung der großen vor uns liegenden Aufgaben von eminenter Bedeutung ist. Dabei sollte die Initiative weitgehend von den Geologen selbst ausgehen, die sich möglichst frühzeitig in die Lösung der anfallenden Probleme einschalten müssen.

Резюме

При построении социализма в Германской Демократической Республике, а также при социалистическом преобразовании сельского хозяйства следует поддерживать местные органы государственной власти путем геологической консультации на месте. Это относится к совместным работам на уровне округа, к работам с Хозяйственным Советом и соответствующими референтами, с районами и общинами, сельскохозяйственными кооперативами и народной промышленностью. Геологические вопросы возникают специально при заготовке строительных материалов, при инженерно-геологических проблемах строительного грунта, а прежде всего, при водоснабжении, которое представляет центр тяжести и имеет решающее значение для решения поставленных перед нами задач. Инициатива должна была бы исходить от самих геологов, которые должны как можно раньше включиться в решение очередных проблем.

Summary

During the building of socialism in the German Democratic Republic and the socialist remodelling of agriculture, the local organs of State power must be aided by geological advice on the spot. At first, common work has to be done on a regional level with the economic council and its technical experts, followed by deliberations with urban and rural district councillors, agricultural cooperative associations and the people's owned industry. Geological questions particularly arise during the supply of building materials and in engineering-geological problems of subsoil. They are above all connected with water supply, a focal point and of decisive importance for the solution of large tasks facing us. In this respect the initiative should be taken by the geologists themselves to contact as soon as possible with the solution of arising problems.

Einige Bemerkungen zur Vereinheitlichung von chemischen Analysenverfahren

H. GRASSMANN, Berlin, C. KAWELKE, Freiberg (Sa.), E. WOHLMANN, Berlin

Zweifellos muß man auf allen Gebieten der Technik und Wissenschaft anstreben, die Arbeitsmethoden und Arbeitsmittel so weit wie möglich zu vereinheitlichen. Auch die Standardisierung der analytischen Methoden sollte vorangetrieben werden, weil sie dazu beitragen kann, die Produktivität der Untersuchungsarbeiten zu erhöhen.

Die Standardisierung erleichtert das Einarbeiten der Arbeitskräfte und ihren Austausch von Labor zu Labor, sie erleichtert die Arbeitsplanung und vereinfacht die Kostenberechnung. Als wesentlicher Vorteil der Vereinheitlichung von Analysenmethoden wird vielfach die Tatsache hingestellt, daß verschiedene Laboratorien bei Anwendung genau der gleichen Methode auf das gleiche Material weitgehend übereinstimmende Resultate erzielen, so daß also auch bei Beteiligung mehrerer Laboratorien an ein und derselben Untersuchungsaufgabe, z. B. an ein und demselben geologischen Objekt oder an mehreren ähnlichen Objekten, streng vergleichbare Ergebnisse erhalten werden.

Es ist aber notwendig, die Grenzen der Vereinheitlichung zu kennen und zu beachten. Auf dem Gebiet der geologischen Erkundung sind die Verhältnisse verwickelter und unübersichtlicher als im allgemeinen in der verarbeitenden Industrie. Dort, z. B. in der Metallurgie oder in der Zementfabrikation, sind die einzelnen Produkte — teilweise sogar die Ausgangsmaterialien — standardisiert, sie sollen nur geringfügige Abweichungen von bestimmten Typen in ihrer quantitativen und eigentlich überhaupt keine in ihrer qualitativen Zusammensetzung aufweisen. Die chemische Betriebsüberwachung solcher Fabrikationen bietet natürlich die besten Voraussetzungen für eine Standardisierung der Analysenverfahren und ist hier frühzeitig begonnen und am weitesten durchgeführt worden.

Auch bei der Rohstoffanalyse gibt es Fälle, wo Einheitsverfahren mit gutem Erfolg angewendet werden können und wo diese Verfahren sogar bei in weiten Grenzen wechselnden Gehalten brauchbare Ergebnisse zeigen. Ein Beispiel dafür ist die technische Schwerspat-Flußspat-Analyse, wie sie bei der Spatindustrie und in allen Laboratorien des Zentralen Geologischen Dienstes ausgeführt wird.

Zahlreich sind aber andererseits die Fälle, in denen für eine bestimmte Rohstoffart bestehende Arbeitsvorschriften auf ein als dieser Art zugehörig deklariertes Material nicht angewendet werden können, weil dieser Rohstoff zu weit von der gewohnten, seiner Bezeichnung gemäßen Zusammensetzung abweicht. Als Beispiel einer solchen Abweichung vom Typ sei angeführt, daß sich in einer Serie von „Ankeriten", also Ca-Fe-Karbonaten, einige Proben mit 10—20 und mehr Prozent Mangan befanden. Bei der Analysierung dieser Serie in der für Karbonatspäte üblichen Weise unter Fällung der Metalle der dritten analytischen Gruppe mit Ammoniak in Gegenwart von Oxydationsmitteln wurde nur ein Teil des Mangans gefällt, der Rest jedoch in den weiteren Analysengang verschleppt. Mehrere der Analysen mußten von neuem begonnen und nach einer Methode ausgeführt werden, die den ungewöhnlich hohen Mangangehalten angepaßt ist (Oxyacetattrennung). Eine weitere Schwierigkeit ergab sich bei einigen der Proben noch dadurch, daß sie größere Mengen Barium enthielten.

Komplikationen traten auch bei der Analyse der sehr komplex zusammengesetzten (Pb, Zn, Cu, Fe, As...-Sulfide enthaltenden) Erze aus dem Brander Revier auf. Als diese anfangs nach dem für die meisten Pb-Zn-Erze üblichen Verfahren aufgeschlossen wurden, nämlich durch Erhitzen zuerst mit Salzsäure zur Vertreibung der Hauptmenge des Sulfidschwefels als H_2S und dann mit Zusatz von Salpetersäure, entstand entgegen den bei anderen Erzen, z. B. auch denen der Pb-Zn-Fazies des Kupferschiefers, allgemein gemachten Erfahrungen so viel Schwefelsäure, daß erhebliche Mengen von Blei in Sulfat übergingen und im Löserückstand verblieben. Erst nachdem dies an stark streuenden Pb-Werten erkannt und eine Weiterbehandlung des Löserückstandes (Extraktion mit Ammonacetat) eingeführt worden war, wurden übereinstimmende, richtige Pb-Werte ermittelt. Das ungewöhnliche Verhalten des Erzes beim Aufschluß beruhte auf seinem hohen Pyrit- und Arsenkiesgehalt, der auch einen besonders großen Zusatz von Salpetersäure zum Lösen erforderlich machte.

Es erscheint angebracht, in diesem Zusammenhang wieder einmal auf die Bedeutung der Vorschrift in den „Richtlinien für die organisatorische Durchführung und Kontrolle chemisch-analytischer Arbeiten" hinzuweisen, wonach bei quantitativen Analysen alles über die Zusammensetzung des Materials bereits bekannte anzugeben ist. Auch die Kenntnis des Vorhandenseins nicht zu bestimmender Elemente ist für die Aufstellung eines geeigneten Analysenganges unter Umständen von großer Bedeutung.

Bisweilen wird die Ansicht geäußert, es sei nicht so wichtig, daß ein Verfahren absolut richtige Werte ergibt, sondern daß es von allen beteiligten Stellen benutzt wird und bei allen das gleiche Ergebnis bringt. Diese Auffassung ist nicht vollkommen falsch. Wenn z. B. Betriebe der verarbeitenden Industrie ihre Technologie entsprechend den mit einem analytischen Konventionsverfahren erhaltenen mehr oder weniger relativen Zahlen eingestellt haben und auf Grund der von ihm angezeigten Veränderungen des Rohstoffs steuern, so können sie dabei, wenigstens solange keine großen Änderungen des Einsatzmaterials vorkommen, durchaus gut arbeiten. So mag etwa die in der Kaolinindustrie teilweise übliche „Eisenbestimmung" durch Titration der bei einfachem Ausziehen des Kaolins mit Salzsäure erhaltenen Lösung ganz brauchbare Hinweise geben, obwohl man dabei bestimmt nur einen Teil des Eisengehaltes erfaßt. Schwierig wird es aber, wenn Laboratorien, die nicht auf solche Konventionsverfahren eingestellt sind oder sie prinzipiell als schlecht ablehnen, mit der Industrie zusammenarbeiten sollen. In solchen Fällen wird oftmals eine Revision der Methodik erforderlich sein.

Bei dem in neuerer Zeit auf alle Mineralgebiete ausgedehnten Brauch, Kontrollanalysen bei fremden, zum Teil außerhalb des betreffenden Industriezweiges stehenden Laboratorien ausführen zu lassen, ergeben sich manchmal Differenzen infolge unterschiedlicher Methoden. Aber aus diesem Mangel zu schlußfolgern, daß zur Vermeidung der Differenzen von vornherein ein und dieselbe Methode angewendet werden müßte und womöglich von einem zentralen Laboratorium die in einem bestimmten Industriezweig übliche, ist trotzdem falsch. Wie nützlich es sein kann, wenn nicht so verfahren wird, sei an einem unlängst vorgekommenen besonders eindrucksvollen Fall dargelegt.

Tab. 1. In aus reinen Mineralien ($BaSO_4$ und PbS) hergestellten Eichproben nach verschiedenen Methoden gefundene Pb-Gehalte

Theoretische Pb-Gehalte	Methode (1) Aufschluß mit HCl-HNO_3, Abrauchen mit H_2SO_4, Fällung als $PbCrO_4$ (Betriebsmethode)	Methode (2) Aufschluß mit HCl–HNO_3, Abrauchen mit HNO_3. Aufnehmen mit H_2SO_4, 1:1, Verdünnen usw. (von KAWELKE modifiz. Methode)	Methode (3) Aufschluß mit HCl–HNO_3, Abrauchen mit HNO_3, elektrolytisch abscheiden
% Pb	% Pb	% Pb	% Pb
0,9	0,1	1,0	0,9
5,2	0,1	5,3	5,2
8,6	0,9	8,6	8,5
13,0	2,9	13,1	13,0

In einem Betrieb des Erzbergbaus wurden für ein Erkundungsobjekt des Zentralen Geologischen Dienstes die Analysen mit durchgeführt. Dabei wurde für die Bleibestimmung eine Methode angewendet, die in dem Werk seit Jahren üblich ist und dort, besonders bei Erzen aus der kiesig-blendigen Bleierzformation, so befriedigt hatte, daß man sie als eine Art von Standardverfahren betrachtete. Sie bestand in einer Aufschlußbehandlung des Erzes zuerst mit Salzsäure, dann zusätzlich mit Salpetersäure, Abrauchen nach Zusatz von Schwefelsäure, Filtrieren, Ausziehen des Filtrierrückstandes mit Ammonacetatlösung, Fällen des Bleis aus dem Extrakt als Chromat und Wägen desselben. Ein solches Verfahren ist für viele Bleierze brauchbar, aber unmöglich für komplizierter zusammengesetzte und besonders für schwerspathaltige, worauf u. a. schon H. & W. BILTZ (1942) hingewiesen haben. Kürzlich hat O. B. BUDEWSKIJ (1960) eine auf die Anwesenheit von Schwerspatgehalten bis zu etwa 15% Ba zugeschnittene Abwandlung der Schwefelsäuremethode beschrieben.

In der letzten Zeit der Untersuchungsarbeiten handelte es sich nun um Erzproben aus der fluorbarytischen Bleiformation. Die Kontrollanalysen wurden dem Laboratorium des zuständigen Geologischen Dienstes des Zentralen Geologischen Dienstes übertragen. Bei der zunächst nach dem Werks-„Standardverfahren" durchgeführten Kontrolle zeigte sich eine gute Übereinstimmung der Ergebnisse. Auf Grund einiger Selbstkontrollen nach einem anderen Verfahren — bestehend in Aufschluß mit Salzsäure und dann Salpetersäure und elektrolytischer Abscheidung des Bleis als PbO_2 — stellte man jedoch große Abweichungen fest. Die Bleiwerte fielen wesentlich höher aus. Ähnlich hohe Werte wurden dann auch bei Stichproben mit der für derartige Bleigehalte schon nicht mehr sehr gut geeigneten Dithizonmethode erhalten.

Tab. 2. Nach den verschiedenen Methoden in Proben der fluorbarytischen Bleiformation gefundene Bleigehalte

Probe-Nr.	Methode (1) % Pb	Methode (2) % Pb	Methode (3) % Pb
1	0,1	1,4	1,6
2	0,9	3,8	4,0
3	0,3	1,6	1,6
4	1,0	2,8	3,0
5	0,3	2,1	2,0
6	9,6	13,4	13,7
7	2,8	10,7	10,4
8	0,3	2,4	2,4
9	0,1	2,3	2,5
10	1,7	2,1	2,0

Die Erklärung für die Unterbefunde nach der Betriebsmethode besteht darin, daß die konzentrierte Schwefelsäure Schwerspat unter Komplexbildung löst und sich beim nachfolgenden Abrauchen der Säure Barium- und Bleisulfat gemeinsam in einer solchen Form abscheiden, daß letzteres dem Angriff des Extraktionsmittels nur noch teilweise zugänglich ist.

Es wurde dann das Schwefelsäureverfahren in folgender Weise abgewandelt: Aufschluß mit Salzsäure und dann zusätzlich Salpetersäure, abdampfen (zuletzt auf dem Wasserbad), aufnehmen mit 1:1 verdünnter Schwefelsäure, kurz erwärmen, mit heißem Wasser stark verdünnen, nach mehrstündigem Stehen (kalt) vom $BaSO_4$ filtrieren, Filtrat abrauchen und weitere Behandlung wie oben. Die so erhaltenen Bleiwerte stimmten mit den nach der elektrolytischen und der Dithizonmethode gefundenen gut überein (vgl. Tabellen).

Aus den Tabellen geht sehr deutlich hervor, wie falsch die Vorratsberechnung für diesen Lagerstättenteil trotz innerer und äußerer Analysenkontrolle ausgefallen wäre, wenn im Labor des Geologischen Dienstes nur die Betriebsmethode angewendet worden wäre. Dieser Fall ist ein ausgezeichneter Beweis für die öfter, z. B. von H. GRASSMANN (1959), aufgestellte These, daß ein Ergebnis erst dann als wirklich richtig gelten kann, wenn es nach mehreren verschiedenen Methoden übereinstimmend erhalten wird.

Wenn auch das zur Zeit gebräuchliche System der Analysenkontrolle seine Mängel hat, so hätte das andere manchmal angestrebte System, das einfache Mitanalysieren von Standardproben in dem die Analysen ausführenden Labor, hier wahrscheinlich ganz versagt. Man hätte als Standards vermutlich nicht gerade schwerspathaltige Erze zur Verfügung gehabt, sondern normale Bleierze genommen, an diesen wären richtige Werte ermittelt worden, und alles wäre — scheinbar — in Ordnung gewesen.

Man erkennt an diesem Beispiel gleichzeitig, wie umfangreich ein Sortiment von Standardproben für Kontrollzwecke sein und wie sorgfältig es angewendet werden müßte, wenn es seinen Zweck erfüllen soll. Die beste Lösung des Problems der Analysenkontrolle würde wohl durch eine Kombination, nämlich die Mitverwendung von Standardproben bei Durchführung des bisherigen Systems, erreicht werden.

Ein weiterer Punkt, der gegen das verbindliche Festlegen einer relativ geringen Zahl von Standardmethoden spricht, liegt darin, daß sich gegenwärtig die gesamte Methodik sehr verändert. Neue Prinzipien werden in immer weiteren Teilgebieten der Analyse eingeführt. Es hieße den Fortschritt hemmen, wenn man modern eingestellte und dementsprechend eingerichtete Laboratorien zur Beibehaltung veralteter Methoden zwingen würde, und es hieße andererseits manche Laboratorien überfordern, wenn man neueste Methoden auch für sie bindend machen wollte.

Zusammenfassung

An Beispielen aus der Praxis wird dargelegt, wie das an und für sich richtige Bestreben, bei der chemischen Analyse mineralischer Rohstoffe aus der geologischen Erkundung eine Standardisierung der Methoden vorzunehmen, auf Schwierigkeiten stößt. Diese beruhen auf den starken quantitativen und qualitativen Schwankungen der Zusammensetzung solcher Materialien. Ferner wird gezeigt, wie wichtig es unter Umständen besonders bei der Analysenkontrolle ist, mehrere verschiedene Methoden anzuwenden. Auch im Hinblick auf eine rasche Weiterentwicklung der Methodik verbietet sich eine starre Festlegung. Es gilt also, sorgfältig abzuwägen, um eine wirklich nutzbringende Regelung zu treffen.

Резюме

На взятых из практики примерах излагается следующее: старания по стандартизации методов, сами по себе правильные, встречают осложнения при химическом анализе минерального сырья из геологической разведки. Эти осложнения основываются на разных количественных и качественных различиях состава таких материалов. Дальше показывается важность применения нескольких различных методов определения при контроле результатов анализа. В связи с быстрым развитием методики жесткое установление непригодно. С целью полезного урегулирования надо этот вопрос тщательно обсудить.

Summary

Practical examples are given to show that properly speaking attempts to standardize chemical methods of analysis are correct, but meet with difficulties when analysing mineral raw materials obtained from geological reconnaissance. These are based on considerable variations, both quantitative and qualitative, of the composition of these materials. It is also shown that it is possibly important to apply different methods to the control of analysis. A rigid standardization also forbids itself with a view to rapidly developing methodics. Therefore it becomes a question of careful examination to find out a really profitable arrangement.

Literatur

BILTZ, H. & W.: Ausführung quantitativer Analysen, Kapitel VIII „Sulfidische Erze und Hüttenprodukte", insbes. S. 324. — 4. Aufl., 1942.
BUDEWSKIJ, O. B.: Komplexometrische Methode zur Bestimmung von Blei. — Sawodskaja Lab., 26, S. 50–51 (1960).
GRASSMANN, H.: Die chemische Analyse im Dienste der Lagerstättenbemusterung der Staatlichen Geologischen Kommission. — Z. angew. Geol., 5, S. 50–51 (1959).

Metallogenetische Karten für die Deutsche Demokratische Republik

Die Mitarbeit des Wissenschaftlich-Technischen Kabinetts des Zentralen Geologischen Dienstes bei der Lösung dieser Aufgabe

KURT DETTE, Berlin

Metallogenetische Karten stellen die Synthese aller jeweiligen geologisch-lagerstättenkundlichen Erkenntnisse in ihren genetischen Zusammenhängen dar. Für verschiedene Teile der Sowjetunion (Mittelural, Teile von Sibirien und Kasachstan) liegen solche Kartenwerke bereits vor, für weitere Erzbezirke werden sie angefertigt. Metallogenetische Karten sind ihrem Inhalt nach geologisches Tatsachenmaterial, aus dem als Schlußfolgerung prognostische Karten hervorgehen. Damit bilden sie die wissenschaftliche Grundlage für die Perspektive unserer gesamten geologischen Untersuchungsarbeiten. In diesem allgemeinen Umfang können metallogenetische Karten der Deutschen Demokratischen Republik auch nur aus einer großzügigen Gemeinschaftsarbeit erwachsen.

Nach vorbereitenden Verhandlungen der Leitung des Zentralen Geologischen Dienstes mit den Hochschulinstituten und anderen Dienststellen waren die ersten äußeren Vorbereitungen zur Aufnahme der Arbeiten an metallogenetischen Karten Ende 1959 so weit abgeschlossen, daß sie in größerem Rahmen weitergeführt werden konnten. Am 20. 1. 1960 beschäftigte sich eine Arbeitsbesprechung im Wissenschaftlich-Technischen Kabinett zum ersten Male mit diesem Themenkreis. Vor 29 Teilnehmern aus dem Zentralen Geologischen Dienst und allen Geologischen Diensten erläuterte Prof. KAUTZSCH die wissenschaftlichen Voraussetzungen für die „Anfertigung metallogenetischer Karten" und analysierte die Faktoren, die bei der Anfertigung eines solchen Kartenwerkes berücksichtigt werden müssen.

Die geologisch-metallogenetische Analyse kann in zwei Richtungen erfolgen:

1. metallogenetische Analyse einer bestimmten Region (Tafel, Faltengürtel u. a.);
2. metallogenetische Analyse eines bestimmten Lagerstättentyps oder eines bestimmten Elements.

Beide Arbeitsrichtungen stehen gleichberechtigt nebeneinander, doch wird die erste als die umfassendere angesehen, in die auch die unter 2. gewonnenen Ergebnisse eingehen.

Metallogenetische Karten bestehen aus zahlreichen geologischen Karten mit spezieller Thematik. Die großräumigen Verhältnisse werden in den als Grundkarten bezeichneten Darstellungen gegeben. Dazu treten prognostische Karten mit ihren Angaben über verdeckte Lagerstätten. Der erste Entwurf einer regionalgeologischen, lagerstättenkundlichen Grundkarte der Deutschen Demokratischen Republik konnte bereits von Prof. KAUTZSCH vorgelegt werden.

In der Aussprache wurde vorgeschlagen, metallogenetische Karten zunächst nur für den mittleren Teil und den Süden der Deutschen Demokratischen Republik zu entwickeln und mehrere Grundkarten für die einzelnen stratigraphischen Stockwerke auszuarbeiten. Am Schluß der eingehenden Diskussion wurde festgelegt, daß ein Kollektiv (Prof. Dr. KAUTZSCH, Dipl.-Geol. DÖRNFELD, Dr. KAEMMEL, Dr. TISCHENDORF) die Auffassungen des Zentralen Geologischen Dienstes für die weitere Arbeit zusammenfaßt. Die Auswertung aller

Anregungen und Hinweise führte zur „Konzeption für die Ausarbeitung metallogenetischer Karten im Gebiet der Deutschen Demokratischen Republik". Über diese Konzeption wurde am 27. 5. 1960 im erweiterten Kreise wiederum in einer internen Arbeitsbesprechung des Wissenschaftlich-Technischen Kabinetts im Beisein von Direktoren der Hochschulinstitute und von Geologen der SDAG Wismut beraten.

Dipl.-Geol. DÖRNFELD erläuterte die Metallogenie als selbständigen Zweig der Lagerstättenlehre, der die gesetzmäßige Verteilung nutzbarer Bodenschätze in Raum und Zeit in Abhängigkeit von der Entwicklung einzelner Teile der Erdkruste untersucht. Dieser zentralen Aufgabe ordnen sich die einzelnen Forschungszweige unter. Zu diesem Zweck ist es besonders notwendig, die Aussagekraft der vorhandenen geologischen Karten nach der Tiefe hin zu vergrößern. Das bedingt die teilweise Umorientierung unserer geologischen Kartierung und ihre speziellere Ausrichtung auf die „Tiefenkartierung". Das Endziel der „Metallogenetischen Analyse" einer bestimmten Region werden prognostische Karten sein, aus denen sich die Begründung für die Richtung von Sucharbeiten auf bestimmte mineralische Rohstoffe, die sich auf Grund des geologischen Entwicklungsganges im Untersuchungsgebiet überhaupt bilden konnten, wissenschaftlich ableiten läßt. Durch diese Arbeit wird eine Erhöhung der Effektivität unserer geologischen Untersuchungsarbeiten erwartet. Voraussetzungen hierzu sind eine Vielzahl geologischer Einzelkarten, die teils als Übersichtskarten (1:500000, 1:200000 oder 1:100000), teils als Spezialkarten (1:50000 bis 1:10000) entwickelt werden.

Das metallogenetische Kartenwerk setzt sich also folgendermaßen zusammen:

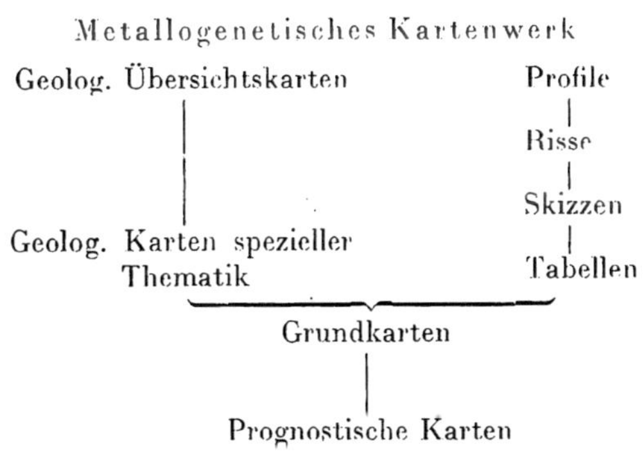

Es wurde vereinbart, die metallogenetische Analyse in der oben unter 1. bezeichneten Richtung als „Analyse einer Region" vorzunehmen. Hierbei soll der in der Deutschen Demokratischen Republik liegende Teil des saxonisch überprägten varistischen Orogens metallogenetisch analysiert werden. Auf Vorschlag des vorbereitenden Komitees wurden in der ersten Konzeption folgende Grundlagenkarten vorgesehen, von denen die Übersichtskarten teilweise weitgehend vorbereitet sind, teilweise aber auch jetzt erst in Arbeit genommen werden können.

Übersichtskarten

1. Geologische Übersichtskarten 1 : 200000
2. Karte der magmatisch-tektonischen Einheiten 1 : 500000
3. Tektonische Karte 1 : 500000
4. Strukturgeologische Karten 1 : 100000
5. Lagerstättenkarten 1 : 100000
6. Tiefenverbreitung der Granitplutone 1 : 200000
7. Tiefenlage der Zechsteinunterkante mit den unterlagernden geologischen Einheiten 1 : 100000
8. Tiefenlage der Rotliegendunterkante 1 : 500000
9. Tiefenlage der Oberkarbonunterkante 1 : 500000
10. Mächtigkeits- und Fazieskarten von Zechstein, Unterkarbon, Devon, Silur, Ordoviz 1 : 100000
11. Gravimetrische Karten 1 : 200000
12. Magnetische Karten 1 : 200000
13. Seismische Karten 1 : 200000

Spezialkarten in verschiedenen Maßstäben

1. Isohypsenkarten einzelner mächtiger Plutone 1 : 10000 bis 1 : 50000
2. Karten der Verbreitung der Granittypen in einzelnen magmatisch-tektonischen Einheiten (Alter, Chemismus, Metallogenie) 1 : 10000 bis 1 : 50000
3. Karten kalkiger und tuffitischer Schichten in der Umgebung von Plutonhochlagen 1 : 25000 bis 1 : 50000
4. Karten des varistisch initialen Vulkanismus in einzelnen magmatisch-tektonischen Einheiten 1 : 25000 bis 1 : 50000
5. Karten des varistisch subsequenten Vulkanismus in einzelnen magmatisch-tektonischen Einheiten 1 : 25000 bis 1 : 50000
6. Basaltvulkanismus und Kohlensäureverbreitung 1 : 50000 bis 1 : 100000
7. Spezialdarstellungen geochemischer Daten 1 : 5000 bis 1 : 25000

Wegen ihrer besonderen wirtschaftlichen Dringlichkeit soll im Gebiet der Deutschen Demokratischen Republik die metallogenetische Analyse folgender Lagerstättentypen nach der zweiten obenangegebenen Arbeitsrichtung bevorzugt mit erarbeitet werden:

1. Mesozoische sedimentäre Eisenerze im Nordteil der Deutschen Demokratischen Republik,

2. Salzvorkommen, vornehmlich im nördlichen und mittleren Teil der Deutschen Demokratischen Republik,

3. Kupferschiefer im mittleren und östlichen Teil der Deutschen Demokratischen Republik.

Für die Zusammentragung des Tatsachenmaterials wird unter Federführung des Zentralen Geologischen Dienstes und unter Leitung von Prof. Dr. KAUTZSCH ein Arbeitsstab gebildet. An der Lösung dieser Aufgaben soll der VEB Geophysik entscheidend beteiligt sein. Außerdem wird die Mitarbeit der Hochschulinstitute, der Institute der Deutschen Akademie der Wissenschaften und die der SDAG Wismut angestrebt. Für die SDAG Wismut wurde eine sofortige Zusage gegeben; auch Prof. Dr. OELSNER erklärte sich bereit, in seinem Institut geochemische Untersuchungen und ab 1961 auch absolute Altersbestimmungen durchzuführen.

In den Geologischen Diensten Freiberg und Jena sind bereits Arbeitsgruppen gebildet worden, die die erwähnten Spezialkarten (Nr. 1—7) verantwortlich ausarbeiten. Diese Arbeitsgruppen werden sich auch mit konkreten Aufgaben an die Hochschulinstitute wenden. Im Zentralen Geologischen Dienst wird sich ab 1961 eine Arbeitsgruppe hauptamtlich mit der Arbeit an den metallogenetischen Karten beschäftigen. Die Ergebnisse der Arbeit an diesem Kartenwerk sollen in ihrer ersten Gesamtzusammenstellung bereits bis Ende 1963 vorliegen.

Literatur

BILIBIN, J. A.: Metallogenetische Provinzen und Epochen. — Gosgeoltechisdat, Moskau 1955.

TATARINOW, P. M., V. G. GRUSCHEWOI & G. S. LABASIN: Allgemeine Grundsätze der regionalen metallogenetischen Analyse und die Methodik der Zusammenstellung metallogenetischer Karten von Faltungsgebieten. — Gosgeoltechisdat, Moskau 1957.

RADKEWITSCH, I. A.: Die Metallogenie der Erzbezirke als neue Richtung der metallogenetischen Untersuchungen. — Z. angew. Geol., 6, S. 263 bis 267, Berlin 1960.

Zeitschrift für angewandte Geologie (1961) Heft 1

Verstärkte Auswertung mineralischer Rohstoffe in der Sowjetunion

ERICH LANGE, Berlin

Die Materialien über das Plenum des ZK der KPdSU zu Fragen der Industrie und des Verkehrswesens[1]), das im Juli 1960 tagte, bringen neue Tatsachen über die immer intensiver betriebene Auswertung von mineralischen Rohstoffen in der Sowjetunion. An erster Stelle steht nach wie vor als Schwerpunkt die Erhöhung der Erdöl- und Erdgasgewinnung.

Erdöl/Erdgas

Seit Beginn des Siebenjahrplanes wurden in der Sowjetunion schon 3 Mill. t Rohöl über den Plan hinaus gewonnen. In der RSFSR konnte bereits 1959 das 3,7fache der Menge an Rohöl gefördert werden, die 1940 in der gesamten Sowjetunion gewonnen worden war. In der Ukraine wurden in den letzten Monaten neue ergiebige Erdöl- und Erdgasvorkommen erkundet. Deshalb werden die ukrainischen Wärmekraftwerke mit Steinkohlenstaub bzw. Methan fahren.

Gegen Ende des Siebenjahrplanes werden 40—50% des gesamten Rohöls, das in Baschkirien gefördert wird, aus den nordwestlichen Bezirken der Republik stammen. Hier wurden in den letzten Jahren besonders große Vorkommen gefunden. Da diese neuen Lagerstätten nicht sehr tief lagern und die Sonden sehr ergiebig sind, werden die Investitionen einen hohen Nutzeffekt bringen. Die Bohrarbeiter Baschkiriens sind mit gutem Erfolg dazu übergegangen, mit geringeren Durchmessern als bisher zu bohren. Dabei wurden leichte Bohranlagen mit Elektro- und Turbobohrern benutzt.

Auch in Usbekistan wurden neue große Erdöl- und Erdgaslagerstätten aufgefunden. Die berechneten Vorräte an Erdgas liegen dort bei 2 Billionen m³. Besonders große Gasvorräte lagern in der Kara-Kalpaker Autonomen Republik. Der Sekretär des ZK der Kommunistischen Partei Turkmeniens teilte u. a. mit:

„Nach den Schätzungen unserer Vorkommen an Erdöl und Erdgas kann man sagen, daß in Turkmenien reale Perspektiven für die Schaffung einer neuen leistungsfähigen Erdöl- und Erdgasbasis im Südosten der Sowjetunion gegeben sind. Die Erkundung von sechs neuen Erdöl- und Gasvorkommen seit dem XXI. Parteitag bestätigt das Vorhandensein großer Mengen an Erdöl und Erdgas, sowohl im Westen als auch im Osten und im Zentrum unserer Republik. Das erst kürzlich erschlossene Vorkommen im äußersten Westen Turkmeniens, das den Namen „Leninneft" erhalten hat, ist so reich an Vorräten wie alle übrigen Vorkommen der Republik zusammen. Im Zentrum der Kara-Kum sind gewaltige Vorräte an Erdgasen und Kondensaten entdeckt worden. Während der Vorbereitung auf das gegenwärtige Plenum des ZK der KPdSU haben die Geologen und Erdölarbeiter der Turkmenischen Republik neue, erhöhte sozialistische Verpflichtungen übernommen. Sie haben sich verpflichtet, die im Siebenjahrplan festgelegte Aufgabe zur Erkundung der Erdöl- und Erdgasvorräte in fünf Jahren zu erfüllen und 1965 etwa 10 Mill. t Erdöl an Stelle der im Siebenjahrplan vorgesehenen 7,5 Mill. t zu erreichen."

Auch in der Weiterverarbeitung von Erdöl und Erdgas wurden bedeutende Fortschritte erzielt. Der Leiter des Lissitschansker Chemiekombinates teilte mit:

„Wir haben die Gewinnung von Kapron und Nylon aus Benzol, von technischem Alkohol aus Erdgas in der Produktion gemeistert. Durch experimentelle Forschungen im industriellen Ausmaß konnten wir Azetylen aus Erdgas gewinnen. Im Jahre 1961 werden wir in großen Mengen Rohstoffe für Plaste und synthetische Seide aus Erdgas erzeugen."

Kohle

Für die Hüttenwerke im Ural und in Sibirien werden 1960 etwa 3,8 Mill. t vom Volkswirtschaftsrat Kemerowo und 0,7 Mill. t im Petschora-Becken für Tscherepowez über den Plan hinaus gefördert werden. Das Kusnezk-Becken ist weiterhin die Hauptbasis für die Koksversorgung der Hüttenwerke des Urals und Sibiriens. Hier werden 29 neue Schachtanlagen und Tagebaue sowie 13 Aufbereitungen geschaffen und in Betrieb genommen. 1965 werden im Kusbass mehr als 100 Mill. t gefördert werden, davon fast die Hälfte Kokskohle. Die Anstrengungen werden darauf konzentriert, die wirksamsten Methoden der Kohlenförderung, nämlich den Tagebau und den hydraulischen Abbau, möglichst zu forcieren. Bis zum Ende des Siebenjahrplanes soll die Förderung aus Tagebauen mehr als verdoppelt, der hydraulische Abbau sogar auf das 11fache erhöht werden.

Im Wirtschaftsbezirk Krasnojarsk werden bereits 66% der Kohlen im Tagebau gefördert. Die Arbeitsproduktivität im Irscha-Berodinsker Tagebau ist doppelt so hoch wie in den übrigen. Infolge der großen Mächtigkeit der Flöze konnte mit breiter Abbaufront und mit leistungsfähigen Maschinen gearbeitet werden. Die Selbstkosten der Rohkohle liegen bei 4—5 Rubel/t. Der Vorsitzende des Volkswirtschaftsrates führte aus:

„Wir sind der Meinung, daß man angesichts derartig unerschöpflicher Kohlenvorkommen für die Energiewirtschaft in dem Gebiet Krasnojarsk und auf Grund der Möglichkeit, diese im großen Maßstab im Tagebau zu fördern, die kostspielige Förderung von Kohle unter Tage in den benachbarten Gebieten erheblich einschränken und die billige Kohle aus Krasnojarsk in diese Gebiete liefern sollte."

Die Braunkohlenvorkommen von Itatsk sind sehr reich. Im Tagebau gewonnen, stellt sich der Selbstkostenpreis je t auf 4,95 Rubel. Die kWh würde weniger als 1 Kopeke kosten und möglicherweise unter dem Preis der kWh des Wasserkraftwerkes Krasnojarsk liegen, der mit 0,4 Kopeken kalkuliert wird. Das reichliche Auftreten von hochwertigen Nephelinen im Itatsker Becken könnte es ermöglichen, im östlichen Teil des Gebietes Kemorowo auf der Basis des billigen Braunkohlenstromes eine Aluminiumindustrie mit hohen technisch-ökonomischen Kennziffern zu schaffen.

Eisenerze

Bis zum Juliplenum waren 4 Mill. t Eisenerz über die Planziffern des Siebenjahrplanes hinaus gefördert worden. Die Kapazität der Gruben der Kursker Anomalie wird bis Ende 1960 etwa 7—7,5 Mill. t erreichen. Bis Ende des Siebenjahrplanes wird zusätzlich über den Plan hinaus eine Kapazität von 7—9 Mill. t Eisenerz bereitstehen.

In der Ukraine wird in Kürze das Erzaufbereitungskombinat Nowo Kriwoi Rog mit einer Durchsatzmöglichkeit von 9 Mill. jato Roherze in Betrieb genommen. Die Arbeitsproduktivität stieg auf dem Erzbergwerk „Gigant" gegenüber 1958 um 40%, in der Grube „Bolschewik" sogar um 75%. Dabei ist besonders zu betonen, daß diese große Steigerung der Produktivität ohne zusätzliche Investitionsmittel erreicht wurde. Die Belegschaften beider Gruben haben sich verpflichtet, bis 1965 die Erzförderung je Arbeiter und Schicht auf 23—25 t gegenüber den jetzigen von 11—16 t zu erhöhen.

In den westsibirischen Hütten wurde die Produktion von Edelsinter aufgenommen und sein Gehalt im Beschickungsgut auf 75% erhöht. Die Hochöfen wurden auf erhöhten Gasdruck unter der Gicht umgestellt, die Windtemperatur wurde erhöht. Hierdurch wurde die Produktivität um 23% gesteigert und der Koksverbrauch um 10% verringert. In der Ausdehnung des Nutzraumes der Hochöfen, in dem Stahlausbringen je m² Herdfläche sowie in der Produktivität der Walzstraßen hat das Kusnezker Hüttenkombinat die besten Betriebe der USA und anderer kapitalistischer Länder überholt.

Um die Erzbasis für das westsibirische Hüttenwerk zu erhöhen, soll der Bau der Eisenerzgruben im Altai und des Aufbereitungskombinats Korschunowo im Wirtschaftsgebiet Irkutsk beschleunigt werden. Weiter werden die Eisenerzgruben Irbinsk und Krasnokamsk, die unweit der Eisenbahnlinie Abakan—Taischet liegen, in die Erzbasis des Werkes einbezogen.

[1]) „Die Presse der Sowjetunion", 1960, S. 1834—1919

NE-Erze

In dem größten Betrieb der NE-Metallurgie, dem Bergbau- und Hüttenkombinat Norilsk, wurde der Abbau im Tagebau erheblich erweitert. Durch Mechanisierung konnte die Arbeitsproduktivität im Tagebaubetrieb um 72%, im Tiefbau um 23% gesteigert werden.

Nickelerze wurden in den Gebieten von Murmansk, Swerdlowsk und Orenburg neu entdeckt. Um eine neue leistungsfähige Kupfererzbasis zu schaffen, wird der Bau des Erzaufbereitungskombinats bei der Gaisker Kupfererzlagerstätte vorangetrieben.

In den Gebieten, in denen billiger Strom und reichlich Nephelinerze zur Verfügung stehen, wird die gleichzeitige Erzeugung von Aluminium und Zement bedeutend erhöht. In dem Bezirk Krasnojarsk und im Gebiet Irkutsk wird 1965 mehr Aluminium erzeugt werden als 1960 in der ganzen RSFSR.

Schlußfolgerungen

Die „Prawda" vom 18. Juli 1960 zog aus der Tagung des Plenums folgende Schlußfolgerung, der wir uns aus voller Überzeugung anschließen:

„Gewappnet mit der großen Lehre des Marxismus-Leninismus schreitet das Sowjetvolk auf sicherem Wege vorwärts zum Siege des Kommunismus. Jeder seiner Schritte auf diesem Wege ist durch glorreiche Arbeitssiege gekennzeichnet. Seine Planauflagen sind in den letzten anderthalb Jahren durch eine Mehrproduktion von 3,4 Mill. t Stahl, 2,6 Mill. t Walzgut, 5 Mrd. kWh Strom, über 3 Mill. t Erdöl, 4 Mill. t Eisenerz usw. überboten worden. Das bedeutet, daß wir früher, als wir gerechnet haben, die von dem großen LENIN gestellte ökonomische Hauptaufgabe erfüllen werden, in der Pro-Kopf-Produktion die entwickeltsten kapitalistischen Länder, darunter auch die Vereinigten Staaten von Amerika, einzuholen und zu überflügeln."

Mineralrohstoffbasis der kapitalistischen Länder[1]

Brennstoffe und Schwarzmetalle

N. A. BYCHOWER & A. F. OPALEW, Moskau

In den letzten 10—15 Jahren haben die erkundeten Gesamtvorräte an nutzbaren Bodenschätzen in den kapitalistischen Ländern zugenommen. Ihre Verteilung auf die einzelnen Kontinente und Länder ist jedoch sehr ungleichmäßig. Deshalb hat die Mehrzahl der kapitalistischen Länder in den einzelnen Mineralrohstoffarten keine gesicherte Basis und befindet sich in starker Abhängigkeit vom Außenhandel.

In den Ländern Westeuropas sind 30% aller in Betracht kommenden Kohlenvorräte der kapitalistischen Welt konzentriert, ebenso 29% der Eisenerze, 18% der Bauxite, 86% des Quecksilbers, 16% des Zinks. Diese Länder verfügen jedoch über fast gar keine erkundeten Vorräte an so wichtigen mineralischen Rohstoffen wie Erdöl (0,6%), Erdgas (3%), Manganerze (1%), Chromite (0,5%), Uran (5%), Zinn (1%), Nickel (0,5%), Wolfram (5%), Molybdän (1%), Lithium, Beryllium, Rohphosphat, Graphit und andere.

Vielfältiger und reicher sind die Bodenschätze des amerikanischen Kontinents. Dort sind von den Gesamtvorräten der kapitalistischen Welt vorhanden: Molybdän 98%, Nickel, Antimon und Lithium über 80%, Kohle, Erdgas, Eisenerz, Uran, Vanadium, Zink, Zirkon, Beryllium, Asbest, Flußspat, Borate, Rohstoffphosphate, Salpeter mehr als 50% und Erdöl etwa 25%.

In Asien und Afrika sind an erkundeten Vorräten konzentriert: Erdöl etwa 75%, Manganerze und Chromite 90%, Diamanten über 90%, Zinn 85%, Wolfram, Kupfer, Kobalt, Uran, Gold über 40%, Bauxite 27%, Blei 20%, Antimon 15%, daneben bedeutende Vorräte an Titan, Graphit, Asbest und Glimmer.

In Asien und Afrika werden vor allem gefördert: Diamanten (98%), Chromit (90%), Zinn (80%), Manganerze (72%), Kobalt (70%), Gold (60%), Uran, Antimon, Platin, Graphit (über 40%).

Nach Angaben, die in der ausländischen und sowjetischen Literatur sowohl in Monographien wie auch in Handbüchern veröffentlicht und durch die Mitarbeiter des Allunions-Geofonds zusammengestellt wurden, ergibt sich folgender Stand der gesamten und sicheren (erkundeten) Vorräte an brennstoffenergetischen Rohstoffen und Schwarzmetallen in den Ländern der kapitalistischen Welt:

	Maß-einheit	Vorräte		Förderung		
		gesamt	sicher	1956	1957	1958
Kohle	Mill. t	2654034	826016	1272	1278	1182
Erdöl	Mill. t	79500	33634	742	772	775
Erdgas	Mrd. m^3	32000	16000	310	355	360
Eisenerze	Mill. t	83422	40325	236	308	260
Manganerze	Mill. t	527—660	143—168	6,1	6,55	5,5*)
Chromite	Mill. t	268—318	65	3,2	3,5	2,8*)

*) geschätzt

Kohle

Nach den erkundeten Vorräten an Kohlen gehört der erste Platz in der kapitalistischen Welt den USA (430,6 Mrd. t), der zweite Westdeutschland (130 Mrd. t), der dritte England. Bedeutende erkundete Vorräte an Kohlen sind weiter in Kanada (54 Mrd. t), Spanien (6,2 Mrd. t), Frankreich (2,8 Mrd. t), Belgien (3,2 Mrd. t), Holland (3,0 Mrd. t), der Südafrikanischen Union (37 Mrd. t), Indien (4,8 Mrd. t), Australien (12,5 Mrd. t) und Japan (8,5 Mrd. t) vorhanden.

Erdöl

Große Bedeutung haben die Erdölvorräte in den Ländern des Nahen und Mittleren Ostens — Saudi-Arabien, Kuweit, Iran und Irak. Sie betragen in diesen vier Ländern 22336 Mill. t oder 68% der gesamten Vorräte der kapitalistischen Welt.

Die größten Vorräte an Erdöl besitzt Kuweit. Sie betrugen am 1. Januar 1959 8200 Mill. t. Hier liegt die größte, in der Welt bekannte Lagerstätte, Burgan, deren Vorräte 2 Mrd. t übersteigen. Sie befindet sich in einer flachen Antiklinalfalte von etwa 20 km Länge und 14 km Breite. Die produktive Schichtenfolge (terrestrische Kreideablagerungen) hat eine Mächtigkeit von 400 m und gliedert sich in vier erdölführende Horizonte. Die mittlere Tagesausbeute beträgt 1000 t pro Sonde und mehr. Das spezifische Gewicht des Erdöls ist 0,868. Es enthält 1—1,5% Schwefel.

Erdöl aus den Ländern des Nahen und Mittleren Ostens ist das billigste in der Welt, weil die durchschnittliche Jahresförderung einer Bohrung 250000—300000 t beträgt.

In den USA sind die Erdölvorräte in den letzten 20 Jahren auf das 2,5fache gestiegen, jedoch um das 6fache, wenn man das geförderte Erdöl berücksichtigt. Die Erdöl- und Erdgasvorräte vergrößerten sich beträchtlich durch die Entdeckung und Erkundung einer Reihe von umfangreichen Lagerstätten in der Tiefebene am Golf von Mexiko, die nach ihrem geologischen Aufbau den Lagerstätten am Kaspischen Meer sehr ähnlich sind.

In den USA sind mehr als 5000 Erdöllagerstätten bekannt. Etwa 50% der Erdölgewinnung kommen jedoch aus den 200 großen Lagerstätten des Landes.

Bis zum Jahre 1955 wurden in den USA über 1,5 Mill. Bohrungen niedergebracht. Davon ergaben Erdöl 1014531 und Erdgas 110702; 390103 Bohrungen erwiesen sich als „trocken". Die mittlere Jahresförderung an Erdöl aus einer Bohrung beträgt etwa 600 t.

Große Erfolge in der Erdölerkundung hat in den letzten Jahren Kanada erzielt. Wenn 1937 die Erdölvorräte des Landes etwa 1 Mill. t betrugen, so belaufen sie sich jetzt auf 527 Mill. t. Die Erdöl- und Erdgasablagerungen wurden auf einem zwischen den Kordilleren und dem kanadischen Schild gelegenen, sehr großen Gebiet entdeckt. Sie liegen in Gesteinen des Devons, des Jura und der Kreide in Tiefen von 100—3500 m.

[1]) Stark gekürzte Wiedergabe aus: „Raswedka i ochrana nedr", H. 9, 1959. Übers.: HOECHST

Erdgas

Mit ihren Erdgasvorräten nehmen die USA den ersten Platz unter den kapitalistischen Ländern ein. Die Vorräte betragen 6980 Mrd. m³, die jährliche Gewinnung 312 Mrd. m³. Von der brennstoffenergetischen Gesamtbilanz des Landes entfallen etwa 26% auf Erdgas. 36—47% des Erdgases werden aus Erdölbohrungen gewonnen. Außerdem gibt es in 29 Staaten der USA Erdgaslagerstätten. Davon entfallen allein auf sechs Staaten — Texas (51%), Louisiana (17%), Oklahoma (7%), Neumexiko, Kansas und Kalifornien (je 5—6%) — etwa 90% der Gesamtförderung der USA. Zusammensetzung und Alter der erdgas- bzw. erdöl/erdgashaltigen Gesteine sind überaus verschieden. Die Sandstein- und Karbonatgesteine paläozoischen, mesozoischen und tertiären Alters können erdöl- und erdgasführend sein.

So liegt der größte gasführende Horizont der USA in Panhandle (Nordtexas — Oklahoma) im nördlichen Teil eines vorkambrischen Massivs, das von paläozoischen Gesteinen bedeckt ist. Die produktiven Ablagerungen erstrecken sich über 200 km bei einer durchschnittlichen Breite von 20—25 km. In einer Aufwölbung von über 600000 ha Fläche findet man Erdgas, Erdöl jedoch nur auf dem nordöstlichen Flügel. Permokarbonische Sandsteine und Karbonatgesteine bilden die gasführenden Horizonte. Ihre Gesamtmächtigkeit beträgt etwa 400 m. Die Anfangsausbeute der Bohrungen betrug 1,5—3 Mill. m³ Gas pro Tag. Im Erdgasbezirk Panhandle wurden zusammen mit den Lagerstätten der Umgebung über 700 Mrd. m³ Erdgas gefördert.

Von den anderen großen Erdgaslagerstätten der USA müssen Hutchinson (Kansas) und Monroe (Louisiana) erwähnt werden. Die Lagerstätte Hutchinson liegt in flach bzw. monoklinal streichenden Sandsteinen und Dolomiten permischen Alters. Die gasführenden Ablagerungen erstrecken sich bei einer Breite von maximal 56 km auf eine Länge bis zu 200 km. Die Gesamtmächtigkeit der gasführenden Schichten beträgt 75 m. Die Anfangsausbeute der Bohrungen erreichte 1,5—2 Mill. m³ Gas pro Tag. Von 1922—1956 wurden aus der Lagerstätte über 16 Mrd. m³ Erdgas gewonnen.

Die Lagerstätte Monroe nimmt eine Fläche von 900 km² ein und ist an eine stratigraphische Falle gebunden. Die produktiven Horizonte liegen in den Sandsteinen der Oberen Kreide. Ihre Mächtigkeit schwankt von einem bis zu 25 m, die Anfangsausbeute der Bohrungen von 50000 m³ bis zu 1,5 Mill. m³ Gas pro Tag.

Um das Erdgas den Verbrauchern zuzuführen, wurden in den USA ungefähr 900000 km Haupt- und Verteilergasleitungen verlegt. Mehr als 80% des geförderten Erdgases wird vor seinem Verbrauch in Spezialanlagen aufbereitet. In diesen Anlagen werden aus dem Erdgas die wertvollsten Komponenten eliminiert, um daraus Flugzeugtreibstoff mit hoher Oktanzahl, Gasbenzin und verschiedenartige chemische Produkte herzustellen. Die chemische Industrie verbraucht 8—10% des Erdgases und 1—1,5% des Erdöls.

In sehr großem Umfang wird in den USA das Erdgas unter Tage gespeichert. Bereits im Jahre 1955 standen Untertagespeicher mit einer Gesamtkapazität von ungefähr 60 Mrd. m³ Gas zur Verfügung.

In Venezuela fallen durch Erdölbohrungen jährlich 25—30 Mrd. m³ Gas an. Davon werden über 50% abgefackelt. Etwa 30% werden in die Bohrungen zur Aufrechterhaltung des Lagerstättendrucks zurückgepumpt und nur 15—20% als Brennstoff und in Gas-(Benzin-)Werken verwendet.

Große Mengen Erdgas sind auch in den Ländern des Nahen und Mittleren Ostens vorhanden. Nach vorliegenden Schätzungen betrugen die Vorräte an Erdgas in diesen Gebieten 5000 Mrd. m³. In Wirklichkeit sind sie wahrscheinlich bedeutend größer.

Neben Erdöl werden in diesen Ländern jährlich 15—20 Mrd. m³ Gas gewonnen. Ein großer Teil davon wird jedoch nicht genutzt. Die Gas-Erdöl-Lagerstätten und Gaslagerstätten von Saudi-Arabien, Kuweit, Irak und Iran treten in tertiären und mesozoischen Karbonaten und Sandsteinen, vorwiegend im Bereich der Mesopotamischen Vorgebirgssenke und im abgesunkenen östlichen Teil der arabischen Plattform auf.

Die prognostischen Vorräte an Erdgas in den USA werden auf 16000 bis 33000 Mrd. m³ geschätzt. Noch ungenügend sind die Erdgasvorräte in Südamerika und Asien erkundet. Möglich ist auch die Entdeckung neuer Erdgaslagerstätten in einer Reihe von Ländern Afrikas und Westeuropas.

Eisenerze

Die größten erkundeten Eisenerzvorräte sind in Brasilien (24%), Indien (17%), Frankreich (12%), USA (9%), England (6%), Venezuela (6%), Kanada (4%) und Westdeutschland (3%) konzentriert.

Der größte Teil der Erzförderung entfällt auf sieben Länder, die USA, Frankreich, Großbritannien, Westdeutschland, Luxemburg und Kanada. Sie sind etwa zu 90% an der Gesamtförderung der kapitalistischen Welt beteiligt, obgleich diese Länder nur über etwa 40% der Weltvorräte verfügen.

Die bedeutendsten Eisenerzvorräte der USA befinden sich im Gebiet des Oberen Sees. Die Vorkommen liegen in metamorphen Schichtenfolgen vorkambrischen Alters. Die Lagerstätten bestehen hauptsächlich aus Hämatit, seltener tritt in ihnen Magnetit und Brauneisenerz auf. Es werden Erze mit 50—58% Fe-Gehalt abgebaut. Die Vorräte an solchen reichen Erzen werden auf 2,6 bis 6 Mrd. t geschätzt. Neben diesen Erzen im Gebiet des Oberen Sees gibt es große Vorräte (in der Größenordnung 40—45 Mrd. t) von eisenhaltigen Quarziten (Takoniten) mit 20—29% Fe-Gehalt.

Den zweiten Platz hinsichtlich seiner Vorräte und Erzförderung nimmt das Eisenerzbecken von Birmingham ein, das im Staate Alabama, in unmittelbarer Nähe des Appalachen-Beckens liegt. Der Eisengehalt dieses Erzes liegt zwischen 35 und 47%. 6—8% der Gesamtförderung der USA entfallen auf das Birminghamer Becken.

Das größte Eisenerzrevier Kanadas befindet sich auf der Halbinsel Labrador in der Provinz Quebec. Hier werden seit 1954 etwa 40 Lagerstätten hämatitischer Erze mit einem durchschnittlichen Eisengehalt von 55% abgebaut. Verhältnismäßig große Vorräte an ebenfalls hämatitischen Eisenerzen wurden in Wabana auf der Insel Neufundland nachgewiesen. Das Erz hat einen durchschnittlichen Gehalt von 51% Fe.

Die reichsten Lagerstätten Indiens liegen in den Staaten Bihar, Orissa und Madhja-Pradesh. Der Eisengehalt der Erze variiert zwischen 35 und 68%. Die Lagerstätten des Staates Madhja-Pradesh werden als Rohstoffbasis für ein neu zu errichtendes Hüttenwerk dienen.

Manganerze

Der größte Teil der erkundeten Vorräte an Manganerzen (etwa 75%) ist in den vier Ländern Indien, Südafrikanische Union, Marokko und Ghana konzentriert. Diese Staaten fördern jährlich etwa 60% der Manganerze aller kapitalistischen Länder.

Den ersten Platz hinsichtlich seiner Vorräte und seiner Förderung nimmt Indien ein. Die größten Lagerstätten, die 60% aller Manganerze fördern, befinden sich im Staate Madhja-Pradesh. Sie enthalten 50—54% Mangan, 6—8% Eisen, 4—8% Kieselsäure und 0,04—0,65% Phosphor. Industriell nutzbare Lagerstätten von Manganerzen befinden sich auch in den Staaten Orissa, Andchra und Madras.

Auch aus anderen Ländern Asiens sind abbauwürdige Manganerzlagerstätten bekannt, z. B. in Indonesien, Japan und in der Türkei.

Den zweiten Platz hinsichtlich ihrer Manganerzvorräte und -förderung nimmt die Südafrikanische Union ein. Die Hauptvorräte sind in der Postmasburger Lagerstätte konzentriert. Die Erze, vorwiegend Psilomelan und Braunit, haben einen Mangangehalt von 40—48% bei einem Eisengehalt von 5—32%.

In Marokko liegen die Manganerzlagerstätten in den Gebieten von Bu-Arfa (östlicher Teil des Landes) und Imini-Tiuin (südlicher Teil). Die Erze enthalten 30—38% (Bu-Arfa), 44—48% (Tiuin) und 50—54% Mn (in Imini).

In Ghana liegt die größte Manganerzlagerstätte bei Nsuta-Dagwin. Die Erze bestehen hauptsächlich aus Psilomelan und Pyrolusit, seltener aus Manganit. Ihr Mn-Gehalt beträgt 46—61,8%.

Die Lagerstätten des ägyptischen Teiles der VAR liegen auf der Sinai-Halbinsel und sind durch relativ niedrigen Mangangehalt (im Durchschnitt 28—32%) gekennzeichnet. Ihre Vorräte werden auf 9—12 Mill. t geschätzt.

Die hauptsächlichen Lagerstätten der Republik Kongo, Kiseng und Kasekelesa (Mirar) liegen in der Provinz Katanga. Ihre Erze zeichnen sich durch hohen Mn-Gehalt (50—52%) aus. In den letzten Jahren wurden auch große Vorräte an Manganerzen in Französisch-Äquatorial-Afrika im Gebiet Franceville entdeckt. Die Erze bestehen aus Psilomelan, seltener aus Pyrolusit und enthalten im Mittel 50% Mn.

Die Gesamtvorräte im Bezirk Franceville werden auf 300 Mill. t geschätzt. Manganerzlagerstätten gibt es weiterhin in Angola, Südwestafrika, Algier und Somali. Unter den Ländern des amerikanischen Kontinents steht Brasilien mit seinen Manganerzvorräten an erster Stelle. Die größte Lagerstätte, Urukum (Marro-do-Urukum), liegt im Staat Mato-Grosso. Ihre Gesamtvorräte sollen 38,7 Mill. t betragen, darunter 4,4 Mill. t sichere Vorräte (mittlerer Mn-Gehalt 45,8% bei einem Eisengehalt von 11,1%). Die Gesamtvorräte der Lagerstätten von Amap (Rayon Serra-do-Navia) werden auf 25 Mill. t Erz mit einem durchschnittlichen Gehalt von 50% Mn geschätzt. Am besten aufgeschlossen ist die Lagerstätte Marro-do-Minna im Staate Minas Gerais mit 4—6 Mill. t Vorräten und einem Mn-Gehalt von 46—51%.

Die USA besitzen nur wenige Vorräte an hochwertigen Manganerzen (1—5 Mill. t) und bauen vor allem geringhaltige Erzsorten (mittl. Mn-Gehalt 18%) ab. Die Vorräte an minderwertigen Erzsorten mit einem Mn-Gehalt von 3—15% werden auf 800 Mill. t geschätzt. Diese Eisen-Mangan-Erze liegen hauptsächlich im Bezirk Kuyuna (Oberer See).

Die Manganerzvorräte Kanadas wurden früher als unbedeutend angesehen. Erst 1958 wurde die Entdeckung einer großen Manganerzlagerstätte im Revier Budstoke (Provinz New-Brunsvik) bekanntgegeben. Der Haupterzkörper soll etwa 48 Mill. t Erz enthalten. Die Vorräte der ganzen Lagerstätte werden auf 200 Mill. t geschätzt.

Chromite

Chromitlagerstätten befinden sich vor allem in der Südafrikanischen Union, in Südrhodesien, der Türkei und den Philippinen, auf die etwa 90% der Vorräte und fast 80% der Gesamtförderung der kapitalistischen Länder entfallen. Verhältnismäßig kleine Chromitlagerstätten sind u. a. in Indien, USA, Kanada, Kuba, Brasilien, Griechenland, Neukaledonien und Australien bekannt. In der Südafrikanischen Union liegen diese Vorkommen in Transvaal, wo sie mit dem Bushvelder Komplex ultrabasischer und basischer Gesteine verbunden sind. Die Erzkörper haben flözartige Form. Der Gehalt an Chromoxyd beträgt 44—50% und weniger. Mehr als 60% der Vorräte sind geringhaltige Erze mit einem Gehalt von weniger als 44% CrO_2.

In Südrhodesien liegen die großen Chromitlagerstätten in den Gebieten Selukva und Salisbury. Die Erzkörper des Reviers Selukva, 30 km südöstlich der Stadt Gvelo, haben die Form von Linsen und Gängen mit 3 bis 6 m Mächtigkeit. Sie liegen zwischen Talk-, Chlorit- und Serpentinschiefern. Der mittlere Gehalt der Erze beträgt 48% CrO_2.

Die Lagerstätten im Gebiet der Stadt Salisbury bestehen aus Noriten, Anorthiten und Serpentiniten von unterpaläozoischem Alter. Sie enthalten Chromitlinsen und -schichten von 10—25 cm Mächtigkeit. Die besten Erze enthalten 50—52% CrO_2.

Die Chromitlagerstätten der Türkei befinden sich am Oberlauf der Flüsse Tigris und Euphrat (Gruppe Guleman), an der Küste des Mittelländischen Meeres (Fetchis-Marmaris), in Dagardi und an der Schwarzmeerküste (Tokat). Die Hauptlagerstätten des Rayons Guleman bestehen aus linsenförmigen Körpern, die in einer Bruchzone zwischen Serpentiniten und Harzburgiten liegen. Die chromhaltige Zone ist bis zu 18 km breit und bis zu 30 km lang. Die Erze bestehen in der Hauptsache aus Magnochromit und Chrompigotit und enthalten bis zu 50—52% CrO_2.

Auf den Philippinen werden vor allem Chromitlagerstätten der Insel Luzon (Mossinlok, Akodshe) abgebaut. Die Vorkommen vom Typ Mossinlok sind mit serpentinisierten Peridotitmassiven verbunden und enthalten besonders Chromite für die Herstellung feuerfester Steine. Die Erze haben einen Gehalt von 29—36% CrO_2. Aus der Lagerstätte Akodsh werden hochqualitative metallurgische Chromite mit einem Gehalt von 46—48% CrO_2 abgebaut.

Alle großen kapitalistischen Länder wie die USA, England, Frankreich und Westdeutschland hängen vollständig oder zu einem bedeutenden Teil vom Chromitexport der Länder Asiens und Afrikas ab.

Lesesteine

Fehlschlag beim Angriff auf die Wüsten

Ein Drittel der Landoberfläche unserer Erde nehmen Wüsten und Halbwüsten ein. Im September 1960 fand in Paris der 8. Kongreß der UNESCO über die ariden Gebiete der Erdoberfläche statt, an dem 200 Wissenschaftler aus 33 Ländern teilnahmen. Es wurde allgemein darauf hingewiesen, daß vor der Aufnahme größerer Bewässerungsobjekte in den Wüsten und Halbwüsten die Gefahrenmomente, die durch Versalzung der Böden und durch die rapide Zunahme insektoider Schädlinge entstehen, durch theoretische Erörterungen und experimentelle Untersuchungen exakt geklärt sein müssen. Über den Mißerfolg eines großen Bewässerungsobjektes, der infolge Vernachlässigung der wissenschaftlichen Vorerkundung eintrat, berichtete die ,,Frankfurter Zeitung" vom 27. 9. 1960:

,,Die Amerikaner, die in den letzten Jahrzehnten in ihrem Lande die Bewässerung landwirtschaftlicher Flächen in so erstaunlichem Maße und mit so großem wirtschaftlichem Erfolg ausdehnten, hatten nach dem Kriege in Afghanistan ein riesiges Vorhaben in Angriff genommen: Zwei Talsperren wurden an Nebenflüssen des Helmand errichtet, um bewässertes Land für die noch nomadisierende Bevölkerung von Afghanistan bereitzustellen. Es entstand ein Kraftwerk mit einer Leistung von 120000 Kilowatt. Bis zum Jahre 1956 waren von der staatlichen Helmand-Gesellschaft 85 Millionen Dollar in diesen Anlagen investiert, im Jahre 1959 war die Summe auf über 130 Millionen gestiegen. Man errichtete Dörfer für die Nomaden, die in den ersten Jahren Weizen anbauten und auch hohe Ernten erzielten. Zwar rieten die Experten zum Fruchtwechsel. Aber die Afghanen, begeistert von dem Erfolg, pflanzten auch in den folgenden Jahren wieder Getreide an. Darauf gingen die Ernten so erschreckend zurück, daß die Neusiedler kurzerhand ihre Dörfer verließen und ihr Nomadenleben wieder aufnahmen. Die Kanäle und Bewässerungsgräben blieben unbenutzt liegen. Die riesigen Anlagen entwickelten sich zu einer gefährlichen Fehlinvestition, weil man nicht hinreichend beachtet hatte, daß im heißen Wüstenklima bei der intensiven Verdunstung mit dem Wasser auch die Salze aus dem Boden an die Erdoberfläche heraufgeholt werden. Wenn das Wasser verdunstet, überzieht sich das Land mit einer Salzkruste, die das Leben vieler Kulturpflanzen unmöglich macht. Dieser Fehlschlag hat das Verhältnis von Afghanistan zu Amerika sehr getrübt." e.

Wald in die Sahara

Die britische Organisation ,,Freunde des Waldes" hat die französische Öffentlichkeit aufgefordert, mit Hilfe von ,,Soldaten aus aller Welt" die Saharawüste zu kultivieren. Dieser Vorschlag wurde auch in Form eines Briefes General DE GAULLE übermittelt. Der Engländer BAKER, der Verfasser des Briefes, behauptet, daß es die Entdeckung großer unterirdischer Wasservorräte durchaus ermöglicht, ein weiteres Vordringen der Wüste aufzuhalten. Nach Ansicht BAKERS wäre hierzu der Einsatz von 20 Mill. Arbeiter nötig, also einer riesigen Armee, die aus allen stehenden Heeren der Welt gebildet werden sollte. Er forderte DE GAULLE auf, die Verwirklichung dieses Projektes in die Hand zu nehmen, um auf diese Weise Frankreichs verlorengegangenes Prestige zurückzugewinnen.

Die Bestrebungen der britischen ,,Freunde des Waldes" sind wegen ihres friedlichen und kulturellen Charakters beachtenswert. Doch dürfte bis zu ihrer Verwirklichung noch ein weiter Weg zurückzulegen sein. l.

Experten in Entwicklungsländern

Die ,,Bergbauwissenschaften"[1]) beschäftigten sich kürzlich mit dem Einsatz von Experten in Entwicklungsländern, und zwar besonders auf den Gebieten der Rohstoffindustrien und der Energiewirtschaft. Nach den Autoren sollten die für diese Arbeiten geeigneten Spezialisten außer fachlicher Qualität und Erfahrung folgende Eigenschaften aufweisen:

Erfahrung im Umgang mit der Bevölkerung im fremden Land; Anpassungsfähigkeit an die meist harten und schlich-

[1]) E. GATTINGER & W. MÜLLER: Zur Frage der Experten in Entwicklungsländern. — Bergbauwissenschaften, Jg. 7 (1960), S. 441—442

ten Lebensbedingungen; robuste Gesundheit; den Willen, allen Hindernissen zum Trotz beste Arbeit zu leisten, und Immunität „gegenüber psychischen Depressionen, die sich aus der Isolation von der gewohnten Umwelt allzu oft ergeben".

Wir möchten annehmen, daß eine Anpassung an die einfachen Lebensbedingungen einem aus sozialistischen Ländern stammenden Experten, der den Eingeborenen als bewußter Freund gegenübertritt, leichter fallen wird, als einem vom kolonialen Herrenmenschentum angekränkelten Spezialisten aus imperialistischen Ländern. Unter den „psychischen Depressionen" wird er weit weniger zu leiden haben als jemand, der den Rassendünkel noch nicht völlig überwunden hat. Von den offiziellen Stellen der Entwicklungsländer verlangen die „Bergbauwissenschaften" eine „angemessene Würdigung" der Eigenschaften der Spezialisten, d. h. eine entsprechend hohe Bezahlung. Die offiziellen Stellen der Entwicklungsländer seien aber sehr schlau, sie unterstützten nicht die Selbstüberschätzungen der imperialistisch eingestellten Spezialisten, sondern ständen auf dem Standpunkt:

„Kommt dieser nicht, so kommt bestimmt ein anderer, und zwar zu unseren Bedingungen."

Das erscheint den Autoren der „Bergbauwissenschaften" nicht richtig, und es ist ihrer Meinung nach unbillig, dem für eine gute Sache Tätigen zuzumuten, er solle „seine Existenz, Gesundheit, Sicherheit und unter Umständen auch sein Leben aufs Spiel setzen und überdies auch noch alle Risiken allein tragen".

Was sollen also die imperialistischen Experten von den Entwicklungsländern verlangen? Offiziell garantierte Sicherheit „in Form eines während der Auslandstätigkeit daheim weiterlaufenden Mindestgehaltes, einer Sozialversicherung für ihn und seine Familie, Garantie einer entsprechenden Stellung in der Heimat nach Beendigung der Auslandstätigkeit". In der weiteren Forderung, besondere Zollerleichterung für die Experten zu verlangen, tritt das imperialistisch-kapitalistische Kolonialstreben klar zutage.

Der Artikel zeigt deutlich die Schwierigkeiten, die sich für die Spezialisten aus dem kapitalistischen Wirtschaftsbereich ergeben. Demgegenüber wird es der Experte aus sozialistischen Ländern, der als Freund den Einheimischen gegenübertritt und der ihnen in erster Linie beim industriellen und landwirtschaftlichen Ausbau ihrer Wirtschaft helfen will, bedeutend leichter haben.

Man wird ihn und seine Arbeit im Ausland anerkennen, und für sein und seiner Angehörigen Wohlergehen in der Heimat ist gesorgt. Für die pessimistische Grundstimmung des Beitrages der „Bergbauwissenschaften" fehlen in den sozialistischen Ländern alle Voraussetzungen; denn ihre Experten gehen nicht in die unterentwickelten Länder, um dort persönliche Profite zu machen, sondern um die Arbeit der Einheimischen zu fördern und sie bei der Erforschung ihrer eigenen Bodenschätze und dem Aufbau einer bodenständigen Industrie möglichst uneigennützig zu unterstützen.

c.

Planung contra „Planung"

Das Pariser Journal „L'Usine Nouvelle" vom 23. 6. 1960 machte sich Gedanken über die Zweckmäßigkeit der Planung in den sozialistischen und den kapitalistischen Ländern. Natürlich kann sich dieses schwerindustrielle kapitalistische Blatt eine Planung ohne ausschlaggebende Beteiligung finanzkräftiger Unternehmerkreise überhaupt nicht vorstellen. Trotzdem erscheint uns dieser Versuch von kapitalistischer Seite, die Rolle der Planung in den zur Zeit bestehenden beiden Weltsystemen zu untersuchen, bemerkenswert. Das Blatt meint:

„Bei einer gewissen Begrenzung der Denkweise weckt das Wort ‚Planung' viel Mißtrauen; und es ist häufig berechtigt. Das Wort Planung ist oft nur der Ausdruck einer Anzahl von Absichten, die nicht immer eindeutig sind. Es hat nicht den gleichen Sinn im Vokabularium eines Neoliberalen und in der sozialistischen Sprache. Hier ist es ein Instrument der Information, der Orientierung und der Zusammenschau, dort ein Mittel der kollektiven Intervention. Aber ob Liberaler oder Sozialist, die Dynamik der modernen Wirtschaft erfordert eine Synthese hinsichtlich der Rangordnung der Ziele. Eine Politik der Expansion und der Vollbeschäftigung kann nicht im Halbdunkel gemacht werden. Die Prognose ist ebenso eine notwendige Wissenschaft, wie die Information und die Marktübersichtlichkeit notwendige Bedingungen für die zuverlässige Funktion des Konkurrenzmechanismus sind. In einer Industrie wie in der Stahlindustrie ist die Beachtung dieser Prinzipien unabdingbar und notwendig. Unentbehrlich deswegen, vor allem auf dem Gebiete der Investition, weil der Irrtum von heute die Zukunft erheblich belasten kann, aber auch, weil, nachdem dieser Industriezweig seinen monopolistischen Charakter verloren hat, die alten protektionistischen Korsettstangen zerbrochen werden müssen. Eingegliedert in die ständig veränderlichen Bedingungen des internationalen Handels, hat die Stahlindustrie frischen Wind, Initiative, mit einem Wort, Freiheit nötig, wenn sie gedeihen will. Das ist der Grund, weshalb sie, den Ländern des kommunistischen Blocks gegenüberstehend, sich vor dem Ansturm der Verstaatlichung bewahren und sich von einer staatlichen Bevormundung befreien muß, wenn sie ihre strukturelle Anpassungsfähigkeit erhalten soll." c.

Besprechungen und Referate

FRANK, K. H.

Die Entwicklung einiger Reaktormetalle in der westlichen Welt

„VDI-Zeitschrift", Bd. 102 (1960), S. 409–423

Der Autor gibt eine ausführliche Übersicht über die Produktion von Reaktormetallen und die wichtigsten Vorkommen der für ihre Herstellung benötigten mineralischen Rohstoffe. Die beigegebene Kartenskizze über die wichtigsten Lagerstättengebiete der westlichen Welt ist dieser Arbeit entnommen.

Thorium

Nach Berechnungen ist der Thoriumgehalt der Erdkruste etwa 2–5mal so groß wie der Urangehalt. Die wichtigsten Thorium enthaltenden Erze sind: Monazit, Thorit, Thorianit, Thorogummit und Bastnaesit.

Wirtschaftliche Bedeutung hat vorwiegend der Monazitsand. Die wichtigsten Thoriumvorkommen der westlichen Welt zeigt Tab. 1 (nach S. H. U. BOWIE: Metal Bulletin, London, Nr. 4389 vom 24. April 1959, S. 23).

Aufgeschlossen wird das Monazitkonzentrat entweder durch Schwefelsäure oder durch Ätznatron. 1958 wurden in der westlichen Welt 11000–13000 t Erz mit 5–6% ThO_2 (= 600–800 t ThO_2) gefördert. Das Ausmaß des Thoriumverbrauches in Kernkraftwerken wird weitgehend geheimgehalten. Die Preise für amerikanischen Monazit betrugen 25–40 $ je Prozent ThO_2-Gehalt in der Tonne Erz. Thoriumoxyd (97–99%) ist von 18,2–20,6 $/kg im Jahr 1956 auf 12,6–18,7 $/kg im Jahr 1958 zurückgegangen.

Tab. 1. Thoriumvorkommen der westlichen Welt

Land	Vorkommen ThO_2	Land	Vorkommen ThO_2
	t		t
Indische Union	300000	Australien	50000
Kanada	210000	Südafrikan. Union	15000
Brasilien	200000	Westafrika	15000
Vereinigte Staaten von Amerika	50000	Njassaland	10000

Beryllium

Beryllium zeichnet sich durch hohe Festigkeit und geringe Dichte aus; man verwendet es vornehmlich als Legierungsmetall. Wirtschaftliche Bedeutung hat unter den Berylliummineralien nur der Beryll. Er wird meist als Nebenprodukt bei der Feldspat-, Glimmer- und Spodumenförderung gewonnen. Die Roherze werden von Hand verlesen und bis auf 14% BeO konzentriert.

Tab. 2 zeigt die Gewinnung von Beryllkonzentraten in den einzelnen Ländern.

Hauptverbraucher von Beryll und Beryllerzeugnissen sind in der westlichen Welt die USA. Eine t Beryll mit einem Gehalt von 4–5% B_2O kostet über 500 $. Außerhalb der USA lag der Preis je Einheit B_2O bei 34 $.

Zirkonium

Zirkonium wird wegen seiner Korrosionsbeständigkeit vor allem bei der Herstellung von Hülsen für Brennelemente ausgewertet. Neben Zirkon befindet sich noch Baddeleyit mit 90–93% ZrO_2 im Handel. Unter Zirkit versteht man eine Mischung von Zirkon mit Baddeleyit mit 73–85% ZrO_2. Zirkon wird vorwiegend aus Seifen zusammen mit Ilmenit und Rutil gewonnen. Die wichtigsten Zirkonvorkommen befinden sich in den USA und in Australien. Die westliche Förderung der letzten Jahre ist in Tonnen aus Tab. 3 ersichtlich.

Ende 1958 lag der Preis für Zirkon bei 46–48 $ je lg t (1016 kg), für Zirkonschwamm bei 13,2 $/kg.

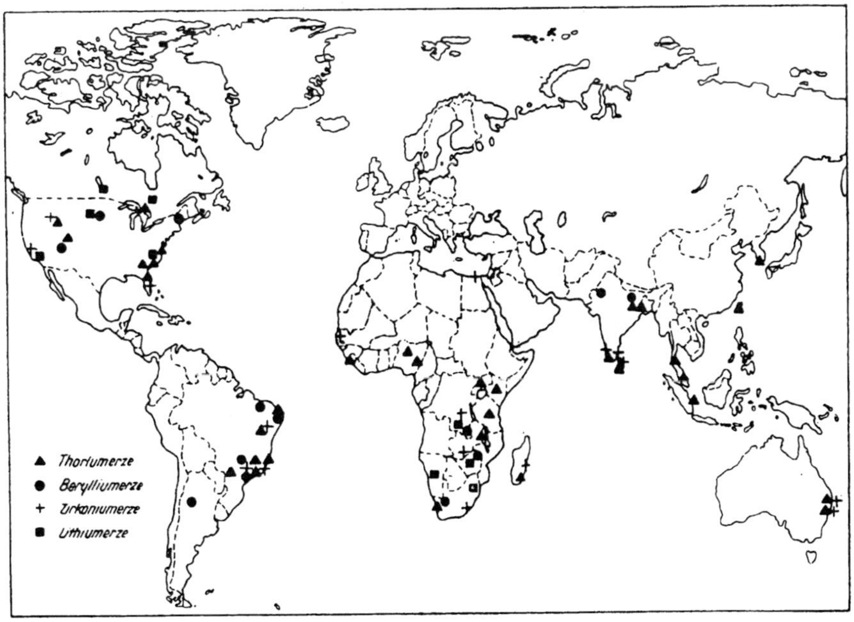

Thorium-, Beryllium-, Zirkonium- und Lithiumerzvorkommen der westlichen Welt (nach FRANK 1960)

Hafnium

Hafnium wird als Nebenprodukt bei der Zirkoniumherstellung gewonnen. Es hat nur eine Verwendungsmöglichkeit bei der Herstellung von Aktivitätskontrollstäben für Reaktoren. In den USA wurden 1958 etwa 21 t Hafniummetall hergestellt. Der Preis lag bei etwa 55 $/kg.

Lithium

Lithium, das leichteste feste Element wird als Zusatz in der Keramik-, Glas- und Emailleindustrie verwendet und vermutlich auch bei der Herstellung von Raketentreibstoffen und Wasserstoffbomben.

Wichtigste Erze sind: Amblygonit (Li_2O-Gehalt des abgebauten Erzes 3,5 bis 10%), Spodumen (1,2 bis 7,6%), Lepidolith (1,1 bis 6,1%) und Petalit (rd. 2,5%).

Die Förderung von Lithiumerzen in den westlichen Ländern zeigt Tab. 4.

Der Preis für südrhodesisches Petalit und Lepidolith (mindestens 3,5% Li_2O) lag im Frühjahr 1959 fob Beira zwischen 2 £, 7 s, 6 d bis 2 £, 12 s, 6 d und für Amblygonit auf Basis 7% Li_2O fob Beira von 3 £, 15 s bis 4 £, 5 s. Im Frühjahr 1959 wurden in den USA 22–24,3 $/kg für Lithiummetall gezahlt.

Die Zusammenstellung des Autors eignet sich vor allem zur Orientierung über die geographische Lage der wichtigsten Lagerstätten; über die Beschaffenheit ihrer Roherze werden nur einige Angaben gemacht. Auf das ausführliche Literaturverzeichnis von 83 Positionen sei ganz besonders hingewiesen. E.

Tab. 2. Die Beryllproduktion der westlichen Welt nach Ländern in den Jahren 1946, 1956 und 1957[1]) in t Konzentrat.

	1946	1956	1957
Argentinien	130	1562	1378
Australien	19	323	299
Belgisch-Kongo	–	1687	1270
Brasilien	1294	2106	1964
Indische Union	112	3048	1139
Madagaskar	•	153	150
Mozambique	22	862	1697
Portugal	•	221	169
Südafrikanische Union	–	121	645
Süd-Rhodesien	–	550	519
Südwestafrika	–	412	349
Uganda	–	89	71
Vereinigte Staaten v. Amerika	91	417	473
andere Länder	•	54	32
Welt	1700	11650	10200

[1]) Metal Statistics 1958. Hrg. vom American Metal Market, New York 1958, S. 643. Die Atomwirtsch. 4 (1959), Nr. 2, S. 85; Engineering and Mining Journal, Jg. 160 (1959), Nr. 2, S. 102

Tab. 3. Die Produktion der westlichen Welt an Zirkoniumerzkonzentraten nach Ländern in den Jahren 1955, 1956 und 1957 in t[2])

Land	1955	1956	1957
Australien	48983	72923	89978
Vereinigte Staaten von Amerika	25501	39899	51531
Brasilien	3005	2566	1632
Französisch-Westafrika	–	1150	3740
Ägypten	114	365	356
Malaya	82	46	42
Madagaskar	–	–	–

[2]) Minerals Yearbook 1956, Bd. 1: Metals and Minerals. Prep. by the Staff of the Bureau of Mines, Division of Minerals, Washington 1958, S. 1371. – Statistical Summary of the Mineral Industrie, Production, Exports and Imports 1952 bis 1957. Overseas Geological Surveys, Mineral Resources Division, London 1959. – Engineering and Mining Journal Jg. 160 (1959), Nr. 2, S. 100.

Tab. 4. Die Förderung von Lithiummineralien in den wichtigen Ländern in den Jahren 1949, 1952, 1956 und 1957[3]) in t.

	1949	1952	1956	1957
Süd-Rhodesien	–	1342	93630	99000
Vereinigte Staaten von Amerika	4389	14161	•	•
Südwestafrika	1052	8891	5121	6115
Kanada	–	–	2172	2437
Belgisch-Kongo	–	–	1811	2103
Mozambique	599	1100	1036	•
Südafrikanische Union	–	–	647	27

[3]) Statistical Summary of the Mineral Industry, Production, Exports and Imports 1949 bis 1954, 1952 bis 1957. Colonial Geological Surveys Minerals Resources Division, London 1956, 1959.

COX, A. & R. R. DOELL

Review of Paleomagnetism

Geol. Soc. America, Bull. 71 (1960), Nr. 6, S. 645–768; 35 Abb., 2 Tab.

In den letzten Jahren wurden in allen Erdteilen zahlreiche paläomagnetische Messungen an Gesteinen der verschiedensten geologischen Systeme durchgeführt. Die oftmals überraschenden Ergebnisse haben neben geophysikalischen Problemen vor allem die Frage der Pol- und Kontinentalwanderung wieder aufgeworfen. In einer zusammenfassenden

Arbeit haben die Verfasser die mit dem Paläomagnetismus zusammenhängenden Fragen dargestellt und geologisch verallgemeinert.

Für paläomagnetische Messungen sind besonders Lava- und Kontaktgesteine geeignet. In ihnen ist die Richtung des Magnetfeldes, das zur Zeit der Bildung dieser Gesteine bestand, meßbar. Unter der Voraussetzung aktualistischer Bedingungen (das Magnetfeld ist dipolar) läßt sich aus Azimut und Inklination der Magnetisierung die Lage des magnetischen Pols berechnen.

Die Verf. stellen auf mehreren Abbildungen die für einzelne Zeitabschnitte ermittelten Pollagen dar. In der Zeit vom Oligozän bis zur Gegenwart ist die Pollage nahezu gleich geblieben und entspricht etwa der des heutigen geographischen Pols. Dagegen schwankt sie im Mesozoikum sehr stark. Diese starke Streuung der Pollagen läßt sich nach Meinung der Verf. kaum mit einer Verschiebung der Kontinente gegeneinander erklären. Es wird deshalb angenommen, daß das Magnetfeld in dieser Zeit im Gegensatz zur Gegenwart starken Schwankungen unterworfen war. Das Magnetfeld war möglicherweise nicht parallel der Rotationsachse und nicht dipolar. Die Annahme starker Driftbewegungen Japans, Indiens und Australiens während Kreide und Eozän erscheint den Verf. deshalb nicht unbedingt gesichert.

Im Gegensatz dazu ist die Streuung der Pollagen im Karbon und Perm viel geringer, was für eine relative Stabilität des Feldes spricht. Die Pole weichen in ihrer Lage stark von der heutigen ab (NW-Pazifik, Ostasien). Bei einem Versuch, diese Pollagen im Sinne einer Kontinentaldrift auszuwerten, gelangen die Verf. zu dem Schluß einer starken postpermischen NE-Drift Nordamerikas in Richtung auf Europa(!).

Dieses Beispiel zeigt, wie schwierig es ist, aus den heute vorliegenden paläomagnetischen Daten bereits ein widerspruchsfreies Bild der Verschiebung der einzelnen Kontinentalschollen zu erhalten. E. Schlegel

Davidson, C. F.

The Present State of the Witwatersrand Controversy

„The Mining Magazine", Febr. — Apr., 1960, London, 28 S.

In der Kontroverse, ob die Uranerze der Witwatersrand- und der Blind River-Serien syngenetischen Ursprungs oder als epigenetische Mineralisation aufzufassen sind, sind in den letzten Jahren eine große Anzahl von Publikationen zugunsten der ersteren These erschienen. Der Verfasser, der die letztere These vertritt, setzt sich mit den gegnerischen Argumenten sehr gründlich auseinander und gelangt zu einer Bekräftigung seiner eigenen Auffassung. Entgegen der Meinung von Ramdohr u. a., daß in der Geschichte der südafrikanischen Formationen in einem Abstand von 1200 Mill. Jahren zweimal eine syngenetische Mineralisation stattgefunden habe, weist er darauf hin, daß 1. geochemische Argumente für eine hydrothermale Genese sprechen, 2. mineralogische Untersuchungen eine weitreichende metasomatische Alteration der Gesteine der Witwatersrand-Geosynklinale erkennbar gemacht haben, 3. geothermische Ergebnisse darauf schließen lassen, daß diese Gesteine in der auf den Ventersdorp-Vulkanismus folgenden Periode mesothermalen Temperaturen unterworfen waren und daß schließlich eine nach der Black-Reef-Zeit erfolgte hydrothermale Mineralisation den Beobachtungstatsachen am besten gerecht werde. Aus allen diesen Ergebnissen könne, wie der Verfasser sagt, der sichere Schluß gezogen werden, daß die Witwatersrand-Mineralisation ein Erzeugnis des Bushveld-Magmatismus ist. Havemann

Autorenkollektiv

I Giacimenti Gassiferi del' Europa Occidentale

Berichte der Mailänder Tagung vom 30. September bis zum 5. Oktober 1957, herausgegeben von der Nationalen Akademie der Wissenschaften zusammen mit der Nationalen Vereinigung für Kohlenwasserstoffe (ENI), Bd. I und II mit Kartenband — Accademia Nazionale dei Lincei, Rom 1959

Die beiden Sammelbände enthalten vorwiegend Beiträge aus Italien, Westdeutschland und Frankreich, daneben einige Aufsätze über die Gasvorkommen in Belgien, Ägypten Spanien, Großbritannien, Iran, Marokko, Holland, Österreich, Polen, Sudan, Schweiz, USA und Jugoslawien. In den italienischen Aufsätzen wird vorwiegend die Po-Ebene mit sehr ausführlichen Beschreibungen der einzelnen Gasfelder behandelt. Unter den französischen Beiträgen soll auf die von F. J. Schoeffler (I., S. 181—190) und J. P. Vacker (I., S. 191—201) über die Gaslagerstätte von Lacq hingewiesen werden. Von den westdeutschen Beiträgen werden folgende besonders Interesses finden:

G. Richter-Bernburg: „Zur Paläogeographie des Zechsteins" (I., S. 87—99)

J. Anders, E. Brand, W. v. Engelhardt & H. Füchtbauer: „Die Lagerstätten im Zechstein von Westdeutschland" (I., S. 101—136)

F. v. Heidorn & W. Kessler: „Das Erdgasfeld Bentheim" (I., S. 137—150)

E. Brand: „Stratigraphie und Tektonik der Erdgaslagerstätte Rheden" (I., S. 151—163)

E. v. Staub: „Das Gasfeld Stockstadt" (I., S. 165—173)

W. Schott: „Die Erdgaslagerstätten in Deutschland, ein Überblick (I., S. 175—180)

Obwohl die Beiträge nur Material enthalten, das bis 1957 bekannt war und somit also zum Teil schon überholt ist, stellen sie insgesamt gesehen doch eine äußerst beachtenswerte Informationsquelle dar.

Von den übrigen Beiträgen sei noch

J. W. Brueren: „The Stratigraphy of the Upper Permian ‚Zechstein' Formation in the Eastern Netherlands" (I., S. 243—274) erwähnt

und zwei Aufsätze von F. Schippek über die Entwicklung der Erdgasproduktion in Österreich und die Erdgasfelder der österreichischen Mineralölverwaltung (I., S. 275—332).

Am Ende des II. Bandes, der vorwiegend die italienischen Gasfelder behandelt, befindet sich ein ausführliches Literaturverzeichnis italienischer Autoren (etwa 1000 Zitate) über die Gasfelder der Po-Ebene.

Ein Studium dieses großen Sammelwerkes über die westeuropäischen Gasfelder ist jedem, der sich mit Erdgasforschung oder -förderung zu befassen oder den Zechstein auf Gasführung zu erkunden hat, zu empfehlen. E.

Olewicz, Z. R.

Sedimentäre und strukturelle Becken in Polen

Prace Instytutu Naftowego, Nr. 63, Katowice 1959, 43 S., 24 Abb.

Der Autor untersucht die Entwicklung der Becken in Polen hinsichtlich Erdölgenese und Lagerstättenbildung. 13 Isopachenkarten für Kambrium bis Tertiär und 11 Profile zeigen die Entwicklung der Becken. Diese Analyse war durch systematisch durchgeführte Basisbohrungen möglich.

Vorläufer des Karpatenbeckens bildeten sich bereits im Paläozoikum ganz im Süden, die Hauptentwicklung lag im Mesozoikum, besonders im Tertiär. Durch die paläogeographische Analyse und Gliederung in Schelf, Hauptbecken und mobilen Rand ist zu verfolgen, wie sich die Beckenachse immer mehr nach Norden verlagerte und das Becken stark asymmetrisch wurde. Als besonders erdölhöffig wird der Randbereich des Beckens zwischen dem jüngsten Tektogen der Karpaten und der vorgelagerten Geoantiklinale angesehen.

Das Großpolnische Becken hatte im Paläozoikum einen Ausläufer nach NE, das Baltisch-Litauische Becken. Bis zum Karbon bestand außerdem noch eine Verbindung nach S zum Mährischen Becken, bis zum Silur eine solche nach Podolien und Moldau. Auch dieses Hauptbecken zeigt eine Achsenwanderung nach NE. Im Perm verlief die NW—SE gerichtete Beckenachse (1500 m Ablagerungen) noch durch Poznań, in der Trias (1900 m) durch einen Punkt östlich der Odermündung; sie wurde also 50 km nach NE verschoben. Im Jura rückt sie nun weitere 50 km nach NE (1900 m Sedimente). In der Kreide teilt der Pommerisch-Kujawische Wall das Becken; die tiefste Absenkung (400 m Sedimente) liegt wiederum 50 km nach NE verschoben. Eine großtektonische Eingliederung des Gebietes zeigt, daß das Becken am Rand eines relativ stabilen Kontinentes, der Weißrussischen Tafel, und zwar an deren mobilem Schelf liegt. Der Autor versucht weiterhin, an Hand magnetischer und gravimetrischer Untersuchungsergebnisse eine Konstruktion des Reliefs des Grundgebirges zu geben. Die tektonische Entwicklung wird durch Ausgleichsbewegungen im Substratum erklärt. Meinhold

EGGELPOEL, A. v.

Étude sur l'évolution des huiles au cours des migrations et application à la détermination graphique des migrations

„Revue de l'Inst. Français du Pétrole", Vol. XIV (1959), Nr. 12, S. 1595–1614 und Vol. XV (1960), Nr. 1, S. 69–92

Diese interessante Arbeit geht zurück auf die Beobachtungen von BIENNER, LOUIS u. a., die in Erdölbecken eine Umwandlung der Erdöle mit der Migrationsentfernung feststellten, so daß sie in der Lage waren, aus der chemischen Analyse den Migrationsweg zu rekonstruieren. Dichte und Viskosität sind die beiden Faktoren, die sich einsinnig mit dem Chemismus ändern; sie können ebenfalls für diese Analyse benutzt werden. Zu untersuchen war nun, ob diese Umwandlung in schwere Öle durch Verdampfung und Absorption von leichten Bestandteilen bedingt ist, ob eine Selektion bei der Platznahme auftritt oder ob es sich um eine zeitabhängige chemische Entwicklung des Öls handelt.

Der Autor prüfte diese Theorien an den Asphaltenen. Er trennt in Asphaltene (durch Fällung mit Äthylazetat), Harze (papierchromatographisch) und ölige Bestandteile und bestimmt das Molekulargewicht der Asphaltene viskosimetrisch nach STAUDINGER. Dabei ergab sich, daß die am meisten umgewandelten Öle das höchste Verhältnis $\frac{\Delta M}{\Delta C}$ der Asphaltene haben (M = Molekulargewicht, C = Kohlenstoffgehalt). Dies läßt erkennen, daß während der Wanderung durch Abspaltung paraffinischer Seitenketten eine chemische Änderung der Moleküle eingetreten ist. Weiterhin wird gezeigt, daß eine Messung der Absorption des Lichtes in geeigneten Lösungen über den Umwandlungsgrad des Öles Aufschluß geben kann, was die Analyse sehr vereinfacht. Als Grundlage dafür dient die Tatsache, daß sich die Absorptionen von öligen Substanzen, Harzen und Asphaltenen wie 1:50:1000 resp. verhalten. Der Autor versucht auch eine Beziehung zwischen Lichtabsorption und Wanderweglänge aufzustellen. Aus der Elementaranalyse geht hervor, daß hauptsächlich Stickstoff an den absorbierenden Chromophoren beteiligt ist, die an polyzyklische Aromaten gebunden sind. Der Aromatengehalt wächst mit der Länge des Wanderweges. Durch Versuche wird bestätigt, daß Reibungseffekte (VAN DER WAALS-Kräfte) nicht die Ursache der Umwandlung sein können; denn dann müßten gerade die leichten Bestandteile zuerst umgewandelt werden. Diesen Widerspruch löst nur die Annahme einer chemischen Umwandlung. Der Autor nimmt eine solche durch Abspaltung von Methan aus Paraffinen an.

Mit der einfachen Absorptionsanalyse kann man nun sehr schnell den Grad der Umwandlung des Öls bestimmen, Linien gleicher Umwandlung konstruieren und daraus die Wanderungsrichtung des Erdöls bestimmen. Eine solche Methode kann außerordentlich wertvoll für die Erdölerkundung werden. MEINHOLD

CAMERON, R. J. & R. E. GUSTAVSON

Shale-Oil Activities

„World Petroleum", March 1959, S. 66–77 u. 96

Wichtig für das Bestreben, die Gewinnung von Schieferöl wirtschaftlich rentabel zu gestalten, war die vom US Bureau of Mines und der Atomic Energy Commission im Januar 1959 in Dallas, Texas, wegen einer geplanten Kernversuchsexplosion in den Ölschieferlagern West-Colorados einberufene Konferenz. Der Nutzen dieses Schusses, der die Zertrümmerung des Schiefers und gleichzeitige Freimachung des Öles herbeiführen soll, würde 65% aller Kosten der herkömmlichen Schieferölgewinnung ausmachen, die der Schieferabbau und die Aufbereitung erfordern. Auf diese Weise soll auch die Gewinnung von Öl aus Schiefern, die für die bisherigen Gewinnungsmethoden zu steil oder zu tief lagen, möglich sein.

Außerhalb Amerikas sind an Ölschiefervorhaben zu nennen: Brasilien arbeitet an einer Versuchsanlage für die Paraiba-Tal-Schiefer. Die Sowjetunion baut eine Anlage bei Kochtla Jarwe, ESSR, um 10000 barral/Tag Schieferöl zur Kesselfeuerung für ein großes Kraftwerk zu produzieren. Schweden erweitert die Kapazität der Anlage der Schwedischen Ölschiefer-Co. bei Kvarntorp um 20%, und die Untersuchungen für eine In-situ-Aufbereitung durch elektrische Erhitzung sind im Gange. Auch in Thailand soll eine Schieferöl-Industrie aufgebaut werden.

Das sogenannte „Plowshare"-Projekt der AEC, das im Januar 1959 auf der Konferenz in Dallas den Vertretern der Industrie mitgeteilt wurde, soll die friedliche Anwendung der Kernenergie fördern. Neben der Gewinnung von Schieferöl soll die Kernenergie auch bei der Entwicklung von Erdölfeldern, im Erzbergbau, für Kraft- und Isotopenerzeugung, für Hafenbauten und andere große Bodenbewegungen Verwendung finden. Für die Möglichkeit der Durchführung wird auf den Rainer-Versuch, eine 1,7-Kiloton-Sprengung 1957 in Nevada, hingewiesen, der jedoch in einem vulkanischen Tuff stattfand. Wenn die Industrie einen Beitrag von 1,2 Mill. Dollar leisten würde und keine sonstigen Hinderungsgründe vorhanden wären, könnte der Versuch 1960 in NW-Colorado durchgeführt werden (s. Z. angew. Geol., 5, S. 269, 1959).

Weiterhin berichten Verfasser im einzelnen über Verfahren und Projekte zur Schieferölgewinnung in Amerika und anderen Staaten, die die große Bedeutung der riesigen Schieferölreserven für die Zukunft unterstreichen. PCHALEK

EBELING, V.

Das Kalisalzvorkommen Kanadas und die Schwierigkeiten seiner Erschließung

„Kali und Steinsalz", Bd. 3 (1960), H. 2

Verf. berichtet über die Entdeckung und Erschließung des zur Zeit größten Kalisalzvorkommens der Welt im Staate Saskatchewan (Nordamerika). Dieses Vorkommen gehört dem Devon an und liegt in Teufen von 1000–1200 m.

Die niedergebrachten Bohrungen ergaben, daß der im Bereich wirtschaftlicher Teufen liegende Teil der Lagerstätte eine Länge von 650 km und eine Breite bis zu 100 km erreicht. Die Lagerungsverhältnisse ähneln unserem Werra-Typ. Insgesamt wurden vier Kalilager aufgeschlossen, die durch eine nur wenige Meter starke Salzüberdeckung vom Deckgebirge getrennt sind. Die Stärke der Steinsalzzwischenmittel wird ebenfalls nur mit wenigen Metern angegeben. Die hangenden Lager sind vorwiegend sylvinitisch, die liegenden Partien meist carnallitisch ausgebildet. Die Mächtigkeit je Lager variiert zwischen 10 und 20 m, der K_2O-Gehalt zwischen 12 und 14 bzw. 20 bis 30%. Im Durchschnitt wird eine Förderung mit 25–28% K_2O aus Abbauen von 2–4 m Höhe erwartet. Die gesamten Vorräte mit einem durchschnittlichen K_2O-Gehalt von 25% werden auf 16 Mrd. t geschätzt.

Trotz dieser hervorragenden Eigenschaften des Kalisalzlagers geht seine Erschließung nur langsam voran, da die Wasserführung der überlagernden Schwimmsandschichten des Blairmore in einer Teufe von 400–500 m und die vermutete Wasserführung der Jura- und Devonschichten in 500–900 m Teufe das Abteufen von drei Schächten als äußerst schwierig erscheinen lassen und einen späteren Abbau in Frage stellen. Nur ein Schacht erreichte bisher das Kalisalzlager. Infolge der geringen Mächtigkeit der Salzüberdeckung ist zu erwarten, daß nur das 3. und 4. Lager abgebaut werden können. Aber selbst dann beträgt die Überdeckung nur 30–80 m, so daß es keinesfalls sicher ist, daß Abbauauswirkungen von den Deckschichten ferngehalten werden können. Hinzu kommt noch, daß die beiden liegenden Lager meist carnallitisch ausgebildet sind und als solche für einen Abbau ausscheiden.

Bei einem evtl. Abbau ist mit Abbauverlusten von mindestens 60–70% zu rechnen, was nur im Hinblick auf die Größe der Lagerstätte zu vertreten ist. Gelingt es, diese Lagerstätte trotz der gezeigten Schwierigkeiten erfolgreich zu erschließen, vorzurichten und abzubauen, kann Kanada in einigen Jahren einer der größten Kalierzeuger der Welt werden. KLARNER

NEKRASSOW, I. J.

Ein neuer Typ von Beryll-Vererzung

„Geologie der Erzlagerstätten", Moskau, Jg. 2 (1960), H. 2, S. 32–43

Die vom Autor durchgeführten Untersuchungen zeigen, daß Beryll in Biotit- und Alaskitgraniten, subvulkanischen Stöcken, Apliten, Pegmatiten sowie in Granit- und Quarzporphyrgängen, die mit an der Grenze zweier unterschiedlicher Strukturgebiete gelegenen Störungszonen verbunden sind, auftritt. Auf Grund ihrer strukturellen Verhältnisse bilden die Schnittpunkte von Querstörungen mit regionalen Schwächezonen besonders günstige Gebiete für die Bildung beryllhaltiger Intrusionen.

Die Beryll-Vererzung ist hauptsächlich mit den kuppelartigen Scheiteln granitischer Massive verbunden. Die am höchsten gelegenen, über den eigentlichen Beryll-Lagerstätten befindlichen Zonen weisen eine erhöhte Be-Konzentration auf, die das 5—10fache der CLARKE-Zahl beträgt. Diese Tatsache kann als Kriterium für die Prospektion auf verdeckte Erzkörper dienen, die sich in geringer Teufe (50—100 m) in schwach erodierten Massiven befinden.

Fehlen Ganglagerstätten, Stockwerkskörper und Erzbrekzien, so ist der Beryll in albitisierten und vergreisten Muttergesteinen fein verteilt. Gelegentlich können auch diese Vorkommen abgebaut werden. Für alle untersuchten Lagerstätten ist der feinkristalline, nadelige Beryll typisch. Meist kann man ihn makroskopisch nicht erkennen. Daher ist die Beobachtung des Charakters und Grades der pneumatolytisch-hydrothermalen Umwandlungen der Granite, Quarzporphyre und Granitporphyre von außerordentlicher Bedeutung. Als besonders höffig für das Vorkommen von Beryll gelten intensiv albitisierte Granite, die eine erhöhte Konzentration von Fluor (Fluorit und Topas), Lithium (Li-Muskovit, Lepidolith und Zinnwaldit) und von seltenen Erden aufweisen. H. S.

SMITH, R. L.

Ash Flows

Geol. Soc. America, Bull. 71 (1960), Nr. 6, S. 795—842; 6 Abb., 2 Taf.

Unter Aschenströmen (Ignimbriten, Schmelztuffen, Tufflaven, Tuffströmen, Pipernos usw.) versteht der Verf. zusammengeschweißte Pyroklastika, deren ursprüngliche Teilchengröße meist zu mehr als 70 Gewichtsprozent unter 4 mm Durchmesser liegt. In ihrem Aussehen entsprechen diese Gesteine teils Tuffen, teils echten Laven. Besonders ältere Gesteine sind wegen der in ihnen erfolgten Rekristallisation oft nur schwer als Schmelztuffe zu erkennen. Als wichtigstes Erkennungsmerkmal für Schmelztuffe gelten reliktische vitroklastische Strukturen. Auch fehlt den Tuffströmen die Basisbrekzie, die bei vielen Lavaströmen ausgebildet ist.

Die Zusammenschweißung der Aschepartikel (Glasscherben und Kristalle) erfolgt bei Temperaturen von ca. 500 bis 1000° C. Eine geringe Verschmelzung findet bereits bei < 535° statt. Der Grad der Zusammenschweißung steigt mit zunehmendem Belastungsdruck (Mächtigkeit des Stromes) und wachsender Abkühlungszeit.

Die Aschenströme verdanken ihre Entstehung einer besonderen vulkanischen Ausbruchsform, den von LACROIX zuerst vom Pelé beschriebenen Glutwolken. Diese heißen Gas-Asche-Emulsionen erhalten ihre kinetische Energie einmal durch die Eruption selbst, zum anderen vermutlich durch Gasströme, die aus den heißen Ascheteilchen während des Transports frei werden. Dadurch können die Aschenströme — im wesentlichen dem Gefälle folgend — erhebliche Entfernungen zurücklegen. Es sind Aschenströme bekannt, die sich bis zu 150 km von ihrem Ausbruchsort fortbewegt haben. Dem entspricht auch die Größenordnung der von Aschenstromfeldern eingenommenen Areale (bis zu 30000 km² bei einem Volumen von max. einigen 1000 km³).

Kleinere Felder sind in der Regel durch Kratereruptionen, größere durch Spaltenausbrüche entstanden. Die Spaltenbildungen hängen wahrscheinlich mit der Entwicklung von Senkungsfeldern über sich entleerenden granitischen Magmenreservoiren zusammen. Ähnliche Verhältnisse dürften in den permokarbonischen Innensenken des mitteleuropäischen Variszikums geherrscht haben. E. SCHLEGEL

Poröse Baustoffe

„Silikattechnik", 1960, H. 7

Das Heft 7 (1960) der „Silikattechnik" erschien unter dem Titel „Poröse Stoffe". In den einzelnen Beiträgen werden auch wichtige Bemerkungen zu den Anforderungen, die an die mineralischen Rohstoffe zu stellen sind, gemacht. In dieser Hinsicht sei besonders auf die folgenden Arbeiten hingewiesen:

SCHLÖGL, A.: Neue leichte Baustoffe (S. 298—299)

LUCKE, K. H.: Untersuchungen über den Blähvorgang bei Tonschiefer (S. 300—301)

HANKE, H.: Die Technologie der neuen Blähtonwerke (S. 203—204)

KNAUST, W. & M. SCHÜSSLER: Porensplitt (S. 305—307)

KNAUST, W.: Technologie der Aschensinterung (S. 308 bis 311)

KROMAREK, U. & A. SCHLÖGL: Aschenbeton und Aschengasbeton (S. 319—322)

GÜRTLER, R.: Schaumanhydrit und -gips (S. 334—336)

SILLE, G., & O. MARTINE: Untersuchungen über Porenanhydrit (S. 337—339)

Auch die weiteren Beiträge des Heftes enthalten hier und da wertvolle Hinweise über die mineralischen Rohstoffe, die bei der Herstellung poröser Baustoffe Verwendung finden. Das Heft sei daher den Geologen, die mit modernen Baustoffen zu tun haben, empfohlen. E.

MOORE, J. E.

An Analysis of Clay Mineralogy Problems in Oil Recovery, Part I & Part II

„The Petroleum Engineer", Bd. XXXII (1960), H. 2, S. B 40ff; H. 3, S. B 78ff.

Der Gitteraufbau der Tonmineralien wird besprochen. Die verschiedenartige Bindung der tetraedrischen und oktaedrischen Elementarschichten und die an deren Oberflächen gebundenen Kationen und Anionen bestimmen die Stabilität des betreffenden Tonminerals und sein Ionenaustauschvermögen. Die festeste Bindung haben die Minerale der Kaolinitgruppe; die Ladungsverteilung in den Elementarschichten ist im Gleichgewicht, das Austauschvermögen ist gering. Dies alles trifft nicht zu für die Montmorillonitgruppe. Wasser und andere polare Substanzen können zwischen die Bausteine eindringen und eine Ausdehnung des Gitters in Richtung der C-Achse verursachen (Quellung). Die Austauschkapazität ist hoch. Die Illitgruppe liegt mit ihren Eigenschaften dazwischen. Die Quellung, also die Entwicklung von orientiertem Wasser, wird bestimmt vom Kationentyp an der Oberfläche, der Austauschkapazität und der Kationenkonzentration der umgebenden Flüssigkeit. Organische Moleküle können aber infolge ihrer Größe schützende Oberflächen bilden. In den Speichergesteinen bilden die Tonminerale entweder eine Haut um die Sandkörner, oder sie bilden Zement und Matrix. Selbst „reine" Sande haben noch eine geringe Tonkomponente. Werden die chemischen Verhältnisse im Speicher geändert, dann ändern sich auch Porosität und Permeabilität. Süßwasser läßt Montmorillonite stark quellen. Das ist zu beachten bei Wasserfluten, bei der Invasion von Bohrspülungen und Frac-Flüssigkeiten. Die Kenntnis der Tonkomponente ist deshalb von größter Wichtigkeit. Die Untersuchungsverfahren werden kurz beschrieben, ebenso die Maßnahmen, die ein Aufquellen der Tone verhindern. MEINHOLD

TRIMBLE, G. A. & M. D. NELSON

Use of Inverted-Emulsion Mud Proves Successful in Zones Susceptible to Water Damage

Journal of Petrol. Technology, Vol. XII (1960), Nr. 2, S. 23—30

Besondere Schwierigkeiten in der Bohrlochkomplettierung in pennsylvanischen Sanden Zentral-Oklahomas führten zur Anwendung einer umgekehrten Emulsionsspülung für Bohrung, Komplettierung und Aufwältigung. Diese Spülung, die etwa gleiche Volumen Öl und Wasser enthält oder eine wasserbasische Spülung ist, die mit einem verarbeiteten Holzprodukt emulgiert wurde, wurde im Verlauf von sechs Jahren in mehr als 150 Fällen angewandt. In Zonen, die für Wasserschädigung empfindlich waren, konnte dadurch eine bessere Lagerstättenbewertung, Komplettierung und Aufwältigung erreicht werden. Die Spülung wird aufbewahrt und wiederbenutzt. Teste und Unterhaltung sind ziemlich einfach und billig. Die geologische Bearbeitung verlief günstig. Die Spülung bringt keinen Vorteil in Dolomiten und Kalksteinen, sie kann sogar den Bohrfortschritt in Tonsteinen herabsetzen. MEINHOLD

JESSEN, F. W. & C. N. TOKTAR

A New Tool for the Measurement of Gel Development of Drilling Fluids

„The Petrol. Engineer", Vol. 32 (1960), Nr. 2, S. B 48, B 49, B 56, 60

Mit dem Ultra-Viscoson wurde die Entwicklung der Gelstärke in verschiedenartigen, behandelten und unbehandelten Tonsuspensionen untersucht. Der Ultra-Viscoson ist ein Ultraschall-Gerät von 28000 Hertz mit elektronischem Rechenwerk. Die Dämpfung der Schwingungen ist abhängig von der Viskosität der Suspension und ihrer Dichte. Obgleich die Schwingungen die Gelentwicklung stören, tritt doch bei Entwicklung der vollen Gelstärke eine konstante Viskositätsablesung auf. Die Versuche mit diesem Gerät zeigten das Verhalten von Bentonitsuspensionen verschiedener Konzentration bis zur Entwicklung der vollen Gelstärke und die Abhängigkeit der Nachgebepunkte von der konstanten Viskosität. MEINHOLD

ANDERHEGGEN, E.

Die Energiewirtschaft in der Sowjetunion

Geologie en Mijnbouw, Jg. 39 (1960), S. 317–325

Die Veröffentlichung stellt eine Zusammenfassung des Reiseberichts der Delegation des westdeutschen Steinkohlenbergbauvereins dar, die 1959 die Sowjetunion bereiste. Sie gibt eine gute Übersicht über die Kohlenvorkommen und die Kohlenförderung, die Lagerstätten und Produktion von Erdöl und Erdgas sowie über die Wasserkraftreserven.

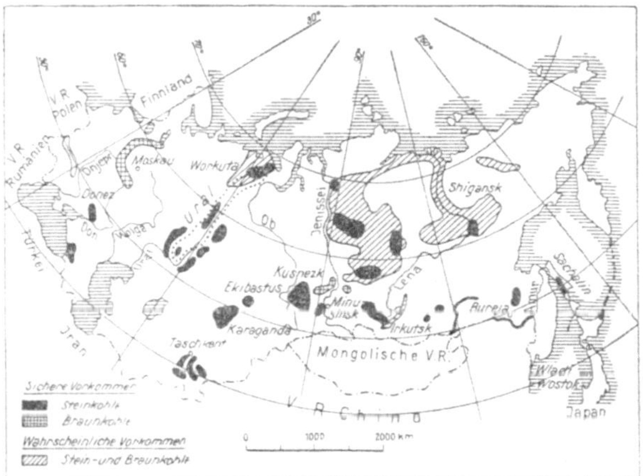

Kohlenlagerstätten der Sowjetunion

Über die im Bau befindlichen Wasserkraftwerke wird mitgeteilt:

	Leistung in MW
Bratsk an der Angara	4400
Irkutsk an der Angara	660
Krasnojarsk am Jenissei	3200
Stalingrad an der Wolga	2500
Saratow an der Wolga	1000
Wotinsk an der Kama	540
Kamensk am Ob	500
Nowosibirsk am Ob	400
Leistung insgesamt	13200

Von den dem Beitrag beigegebenen Kartenskizzen bringen wir die Übersicht über die Kohlenlagerstätten der Sowjetunion. (s. Abb.). E.

BEŠKOV, A.

Volksrepublik Bulgarien – Natur und Wirtschaft

Verlag „Die Wirtschaft", Berlin 1960 – 8,50 DM

Der Autor bringt eine ausführliche Übersicht über den gegenwärtigen Stand der Wirtschaft Bulgariens. Bei der Besprechung der industriellen und landwirtschaftlichen Produktion werden die mineralischen Rohstoffe gestreift. Für den Geologen sind bemerkenswert die Abschnitte über Bodenschätze und Böden. Braunkohle, Steinkohle, Anthrazit, Erdöl und die wichtigsten Vorkommen von Schwarz- und Buntmetallerzen werden besprochen, so daß sich das Buch als Nachschlagewerk zur ersten Orientierung eignet. E.

Neuerscheinungen und Literaturhinweise

Autorenkollektiv
Arbeiten über die Geologie Bulgariens. Serie Stratigraphie und Tektonik, Nr. 1
Verlag der Bulgarischen Akademie der Wissenschaften, Sofia 1960. – 320 S.

Autorenkollektiv
Arbeiten über die Geologie Bulgariens. Serie Paläontologie, Nr. 1
Verlag der Bulgarischen Akademie der Wissenschaften, Sofia 1959. – 364 S.

STRACHOW, N. M.
Grundlagen der Theorie der Lithogenese. Bd. I. Allgemeine Studien über Lithogenesetypen
Isd-wo AN SSSR, 1960. – 224 S.

Autorenkollektiv
Stratigraphie der mittelkarbonischen Ablagerungen des zentralen und des östlichen Teils der Russischen Tafel
Isd-wo AN SSSR, 1960. – 400 S.

ARNAUD, J.
Untersuchung der Druckanstiegskurven in Erdöllagerstätten unter Berücksichtigung des Sondenvolumens
Rev. Inst. Franç. Pétrole, 1960, H. 1, S. 121–144

BETECHTIN, A. G.
Über die exogenen Bildungsprozesse in den Uranlagerstätten
Geol. rudn. Mestoroshd., H. 6, 1959, S. 5–26

KAPLAN, G. J., B. N. LASKORIN & B. W. NEWSKI
Industrielle Verfahren zur Aufbereitung armer Uranerze
„Atomnaja energija", Bd. 6 (1959), H. 2, S. 40–44

BOROWSKI, I. B. u. a.
Die Anwendung der Methode der lokalen Röntgenspektralanalyse auf die Untersuchung von Mineralien der Platingruppe
Geol. rudn. Mestoroshd., H. 6, 1959, S. 68–73

Nachrichten und Informationen

NIKOLAI SERGEJEWITSCH SCHATSKIJ

Der bekannte sowjetische Geologe NIKOLAI SERGEJEWITSCH SCHATSKIJ, Mitglied der Akademie der Wissenschaften der UdSSR und Ehrenmitglied der Geologischen Gesellschaft der Deutschen Demokratischen Republik, ist am 1. August 1960 in Moskau verstorben. Der hervorragende Gelehrte, dem viele Ehrungen in seinem Vaterland und im Ausland zuteil wurden, ist 1958 für seine Leistungen bei der Anfertigung der tektonischen Karte der UdSSR mit dem LENIN-Preis ausgezeichnet worden.[1])

Wir werden NIKOLAI SERGEJEWITSCH SCHATSKIJS stets in Ehren gedenken. Sein Lebenswerk ist uns Verpflichtung und Vorbild bei der Entwicklung der geologischen Wissenschaft in unserer Republik.

[1]) In H. 12 (1958) unserer Zeitschrift, S. 543–545, wurde die wissenschaftliche Tätigkeit SCHATSKIJS ausführlich gewürdigt.

Internationales Kolloquium junger Geologen vom 3. 10. bis 7. 10. 1960 in Berlin und in Potsdam

Anläßlich des 11. Jahrestages der Deutschen Demokratischen Republik veranstaltete die Gruppenleitung der Freien Deutschen Jugend (FDJ) der Staatlichen Geologischen Kommission der DDR und des Zentralen Geologischen Dienstes im Einvernehmen mit den Leitungen dieser Dienststellen vom 3. bis 7. Oktober in Berlin und Potsdam ein Internationales Kolloquium junger Geologen. Diese Veranstaltung, an der insgesamt 24 junge Fachkollegen aus den Volksrepubliken Polen und Ungarn und aus der ČSSR teilnahmen, wurde mit Unterstützung des Zentralrates der FDJ durchgeführt und war im Plan für die internationale Zusammenarbeit der im Weltbund der demokratischen Jugend vereinigten Organisationen für 1960 aufgenommen. Der Erfahrungsaustausch auf dem Gebiet der geologischen Forschung und Erkundung sowie die Aufnahme persönlicher Kontakte unter den jungen Wissenschaftlern und Ingenieuren war das Ziel dieses Kolloquiums,

Die Vorträge, die am 3. und 4. Oktober im Haus des Kulturbundes in Potsdam gehalten wurden, behandelten vor allem Themen aus den verschiedenen Gebieten der angewandten Geologie. Am letzten Vortragstag hatten die Gäste auch Gelegenheit, den Cäcilienhof und Sanssouci zu besichtigen.

Die Exkursion am 5. und 6. Oktober führte durch die Subherzyne Kreidemulde (Stratigraphie und Tektonik des Quedlinburger Sattels) und war mit der Befahrung der Rappbode-Talsperre und des Kaliwerkes „Glück auf", Sondershausen, verbunden. Abgeschlossen wurde die Exkursion mit dem Besuch der Nationalen Gedenkstätte Buchenwald. Am 7. Oktober fand am Sowjetischen Ehrenmal in Berlin-Treptow eine Kranzniederlegung statt. Am Abend des 11. Jahrestages trafen sich alle Teilnehmer zu einem Freundschaftstreffen, das gleichzeitig mit einem Empfang durch die Leitung der Staatlichen Geologischen Kommission verbunden war.

Das Kolloquium hat dazu beigetragen, die freundschaftlichen und fachlichen Beziehungen zwischen der jungen Intelligenz der beteiligten Länder zu vertiefen. Die Gäste aus der Volksrepublik Polen und der Volksrepublik Ungarn haben vorgeschlagen, das Kolloquium im nächsten Jahr in einem ihrer Länder fortzusetzen. KAEMMEL

Erdöl/Erdgas

Erdölfeld Barnstorf

Zwischen Bremen und Osnabrück wurde 4,5 km westlich von Barnstorf die Aufschlußbohrung Aldorf SW 1 im Oberen Dogger und im Oberen Malm ölfündig. Ein Produktionsversuch auf dem oberen Dogger-Epsilon-Sandstein, bei dem zwischen 1310,5 und 1316,0 m Tiefe perforiert wurde, ergab einen eruptiven Zufluß von 8—10 m³ Rohöl täglich. Nach Absperrung dieses Horizontes wurde der Obere Malm zwischen 1298 und 1305 m Tiefe geöffnet, wobei sich eine eruptive Förderung von etwa 50 m³ täglich durch eine 6-mm-Düse ergab. E.

Erdgas in Italien

Die italienische Erdgasproduktion erreichte 1959 etwa 6,15 Mrd. m². Der Methanverbrauch verlagert sich deutlich von der Metallurgie zur Chemie. Im vergangenen Jahr stieg der Methanverbrauch in der Chemie um 39,4%, bei den Erdgassynthesen um 15,6%. Der Erdgasverbrauch der Wärmekraftwerke ging zurück. An dem gesamten Energieverbrauch von 50 Mill. Steinkohleneinheiten ist das Erdgas, auf SKE bezogen, mit 12,6% beteiligt. Für 1965 erwartet man einen Bedarf von 8 Mrd. m³ Methan. E.

Verstärkte Erforschung der indonesischen Ölfelder

Ein Seminar indonesischer und ausländischer Geologen in Bandung hat bei der indonesischen Regierung angeregt, die Erdölvorkommen in Indonesien eingehender zu erforschen, da die Erdölförderung in der Republik in etwa 7 bis 10 Jahren zurückgehen müsse, falls man nicht sofort mit der Exploration neuer Lagerstätten beginne. Zur Zeit wird bei der Erdölförderung noch auf der Basis der Forschungsergebnisse gearbeitet, die vor 20 Jahren festgestellt wurden. Da der Wert der Erdölausfuhr 33% der indonesischen Gesamtausfuhr darstellt, muß nicht nur die Förderung auf ihrer bisherigen Höhe gehalten, sondern nach Möglichkeit noch erhöht werden. Das ist aber ohne eingehendere Erforschung der Vorkommen und neue Investitionen nicht möglich. E.

Kohle

Kombinat „Schwarze Pumpe"

Nach „Neues Deutschland" vom 30. 6. 1960 wird das Kombinat „Schwarze Pumpe" in drei Baustufen errichtet. Die vor dem Abschluß stehende erste Baustufe umfaßt ein Kraftwerk von 250 MW Leistung und eine Brikettfabrik von 9000 t Tagesdurchsatz. In der zweiten Baustufe werden außer einem Kraftwerk von 300 MW Leistung und einer Brikettfabrik umfangreiche Anlagen zur Druckvergasung von Braunkohlenbriketts errichtet. Es werden unter anderem 28 Druckgasgeneratoren von 9 m Höhe und 4 m Durchmesser aufgebaut. Nach dem Endausbau wird die „Schwarze Pumpe" jährlich 3,3 Mill. m³ Gas, 876000 kWh Strom für das öffentliche Netz, 2,5 Mill. t Braunkohlen-Hochtemperaturkoks, 386000 t Teer, 46000 t Mittelöl, 60000 t Benzin und 25000 t Phenol erzeugen. E.

Methan in Steinkohlenflözen

Nach „Drainage and Use of Methane from Coal Fields, Developments since 1956", Paris 1958 (OEEC), kommen im Saargebiet Flöze mit einem Methangehalt bis zu 200 m³/t vor. Im Mittel liegt der Methangehalt derjenigen Flöze, bei denen eine Absaugung erfolgt, im Saargebiet bei etwa 50 m³, im Ruhrgebiet bei etwa 40 m³ je t Kohle. Das entspricht etwa der Hälfte der bei der Verkokung im Koksofen bei 900—1000° C gebildeten Methanmenge von 80—100 m³, die ihrerseits etwa die Hälfte des Wärmeinhalts des Koksofengases ausmacht. Bei 40 m³/t entspricht der Methangehalt etwa 5% des Heizwertes der Kohle. Gegenwärtig können etwa 50% des in der Kohle vorhandenen, durch Absaugen gewonnenen Methans vor allem bei der Gasversorgung Verwendung finden. E.

Kohlenrohrleitung Ruhrgebiet—Bayern

Vom östlichen Ruhrgebiet soll eine 40 cm Durchmesser besitzende Kohlenrohrleitung bis nach Regensburg verlegt werden. Es ist beabsichtigt, jährlich 3 Mill. t gemahlene Feinkohle, im Verhältnis 1:1 mit Wasser zu Schlamm vermischt, im 5-km/h-Tempo zu befördern. Die Gesellschaft für hydraulischen Transport, die die Leitung bauen will, erwartet von ihr eine Verbilligung der Transportkosten um ein Drittel. Projekte für Feststoffleitungen sollen in den USA bereits für 1000 km und mehr in Vorbereitung sein. Außer Kohle werden dort jährlich etwa 30 Mill. t Rohphosphate in 35-cm-Stahlrohrleitungen aus den Tagebauen zu den Wäschereien gedrückt bei einer Stundenleistung von 600 t, einem Feststoffanteil zwischen 20—40% und einem Wasserverbrauch von 25 m³/min. Auch für Nickel/Kupfererzkonzentrate, für Kaolin, Kalkstein und Gilsonit findet stellenweise hydraulischer Transport statt; Gilsonittransport z. B. über 120 km Entfernung bei einer Tagesleistung von 700 t. E.

Erze

Sowjetische Kohle- und Eisenerzförderung

Im laufenden Jahr wird die Sowjetunion fast ebensoviel Förderkapazitäten im Eisenerzbergbau neu schaffen wie in den vergangenen fünf Jahren zusammen. Schon 1959 waren doppelt soviel neue Erzgruben wie 1958 in Betrieb genommen worden. Die Sowjetunion hat 1960 die Vereinigten Staaten in der Eisenerzförderung überflügelt und nimmt nunmehr den ersten Platz in der Welt ein. 1965 werden in der Sowjetunion $^3/_4$ der gesamten Eisenerzförderung im Tagebau gewonnen werden. Vorwiegend im Tagebau wird das Erz aus dem großen Vorkommen gewonnen, das im Innern von Kasachstan an der Grenze der Wüste Bet-Pak-Dala liegt und etwa $^1/_2$ Milliarde t Erz mit hohem Fe-Gehalt enthält. Außerdem ist dort eine Schachtanlage für eine Förderung von 2,2 Mill. jato Roherz im Bau.

Die Sowjetunion fördert bereits mehr Kohle als jedes andere Land der Welt. 1965 sollen über 100 Mill. t mehr gefördert werden als 1959. Besondere Bedeutung wird der Kokskohle beigemessen, deren Anteil an der gesamten Kohlenförderung bereits in den letzten Jahren von 15 auf 65% gestiegen ist. Durch stärkere Anwendung des Tagebaus und des hydraulischen Kohleabbaus sollen die Selbstkosten der Kohle um 50—75% gesenkt werden. Bis 1965 werden 170 große Gruben mit einer Förderleistung von insgesamt etwa 200 Mill. jato Rohkohle neu aufgeschlossen. E.

Westdeutsche Eisenerzbasis

Die Basis der westdeutschen Hüttenindustrie verschiebt sich immer mehr von den Inlanderzen auf Importerze. 1959 wurden in Westdeutschland etwa 18 Mill. t Eisenerz (4,8 Mill. t Fe-Gehalt) gefördert.

Demgegenüber wurden etwa 22 Mill. t Eisenerz eingeführt. Auf Fe-Gehalt berechnet, deckt die westdeutsche Stahlindustrie nur etwa $^1/_3$ ihres Bedarfs aus Inlanderzen. Deren Anteil am Thomasmöller des Ruhrgebiets beträgt zur Zeit etwa 13% Fe. In Westdeutschland werden etwa 130 verschiedene Eisenerzsorten verbraucht. Ein normaler Hochofenmöller setzt sich an der Ruhr aus 10—20 Erzsorten zusammen. Experten sind der Ansicht, daß 5—6 Erzsorten genügen müßten, und befürworten eine Verringerung des Erzsortiments. Die diesjährigen Importe phosphorhaltiger Schwedenerze nach Westdeutschland dürften 7,5–8 Mill. t erreichen. Von dem schwedischen Lanco-Objekt, durch das in Liberia Erze mit 63–64% Fe ohne schädliche Nebenbestandteile gewonnen werden, wurden die westdeutschen Interessenten durch die amerikanische Bethlehem Steel Company zurückgedrängt. Für die Erze von Fort Gourad (Mauretanien), für die eine Jahresproduktion von 6 Mill. t vorgesehen ist, liegt von westdeutscher Seite weniger Interesse vor, da das Erz neben 63% Fe relativ hohe Beimengungen von Cu, P und SiO_2 enthält. Das gleiche gilt für das Eisenerz von Conakry (Guinea), dessen hoher Chromgehalt als störend empfunden wird. Daher richtet sich das Interesse zur Verbreiterung der Erzbasis mehr auf Lagerstätten in Kanada, Labrador, Venezuela, Brasilien, Peru und Chile. E.

Von der Kursker Anomalie

Der Minister für Geologie und Bodenschätze der UdSSR, ANTROPOW, teilte im September 1960 auf einer Pressekonferenz in Moskau mit, daß 1980 aus den Lagerstätten der Kursker Anomalie 60 Mill. t Eisenerz gefördert werden sollen, was der gesamten gegenwärtigen Eisenerzförderung der USA entsprechen würde.

Gegenwärtig sind 42% des Territoriums der Sowjetunion nach Bodenschätzen untersucht. Die Erforschung des restlichen, größeren Teils wird nach Aussagen der Experten der sowjetischen Volkswirtschaft neue, große Perspektiven eröffnen. Die Kursker Magnetanomalie allein birgt rd. 30 Mrd. t reichhaltige Eisenerze, die Erze mit geringerem Eisengehalt mitgerechnet, rd. 200 Mrd. t. Entgegen früheren Annahmen, daß in diesem Revier hauptsächlich Quarzite mit einem Eisengehalt von 33 bis 37% lagern, haben sowjetische Geologen dort große Vorkommen von Magnetiten mit einem Eisengehalt von 56 bis 69% nachgewiesen. E.

Neue Eisenerzvorkommen in Peru

In der Gegend von Querco und Cangallogasa, im Grenzgebiet zwischen den Departements Ayacucho und Huancavelica, sind nach peruanischen Pressemeldungen bedeutende Eisenerzvorkommen entdeckt worden. Die Vorräte werden auf 660 Mill. bis 1,5 Mrd. t geschätzt. Der Fe-Gehalt soll 71,68–72,55% betragen. Die hochwertigen Magnetite und Hämatite sollen nur gering phosphorhaltig und so gelagert sein, daß sie im Tagebau gewonnen werden können. E.

Bleizinkerz in den USA

Präsident EISENHOWER hat Anfang September 1960 sein Veto gegen das vom Kongreß beschlossene Gesetz über Regierungssubventionen für die kleinen Blei- und Zinkbergwerke in den USA eingelegt. Das Gesetz enthielt eine Ermächtigung für die amerikanische Regierung, kleinen Blei- und Zinkbergwerken in den USA, die jährlich weniger als 2000 t Blei oder Zink produzieren, Subventionen zu gewähren, sowie die Weltmarktpreise unter 17 Cent je lb für Blei und unter 14,5 Cent je lb für Zink fallen. E.

Ingenieurgeologie, Hydrogeologie

Ursachen des Bruches der Talsperre von Malpasset bei Fréjus

Am 13. 12. 59 brach die Talsperre Malpasset, wodurch um 60 m aufgestaute rund 50 Mill. m³ Wasser unter Mitführung großer Geschiebemassen mit einer Geschwindigkeit von 80 km/h durch das Reyrantal stürzten. Nach dem geologischen Gutachten von Prof. CORROY, Professor der Geologie an der Faculté des Sciences de Marseille, befindet sich das Staubecken in einer Karbonsynklinale, die zwischen die metamorphen Horizonte des Basismassivs des Estérel eingezwängt ist. In Mauerhöhe treten stark geschichtete, mit bloßer Hand zerquetschbare Glimmerschiefer auf, die teilweise Wasser führen. Da man den Fels für tragfähig erachtete, wurden die Bohrungen nur bis 5 m Teufe durchgeführt. Nach Auffassung von G. WÜSTEMANN[1]) ist die Ursache der Katastrophe in den völlig ungenügenden geologischen Vorarbeiten zu suchen. Die schweren Regenfälle, die dem Bruch vorausgingen, haben offenbar das Berginnere stark mit Wasser durchsetzt und die Glimmerschiefer als Schmierschicht wirken lassen, wodurch Rutschungen und schließlich der Dammbruch eintraten. Dieser wurde letzten Endes durch einen Felsriß unter dem Fundament verursacht, der bedeutende Verschiebungen der Mauer und besonders der Widerlager zur Folge hatte.

Die Bauarbeiten begannen am 1. April 1952. Das Zuschlagsmaterial wurde einem 3 km entfernten Steinbruch entnommen und besteht aus rotem Porphyr, der nach durchgeführten Versuchen keine Alkalireaktion mit den verwendeten Portlandzementen erwarten ließ. Die Körnung 1 bis 125 mm unterteilte man in fünf Größen, wobei der Sand (0 bis 4 mm) zu gleichen Teilen aus dem Meer und dem Steinbrecher gewonnen wurde. Der Zement-Wasser-Faktor betrug im Mittel 1,76. Für die ganze Schale kam PC 300, für den Widerlagerpfeiler am linken Talhang PC 250 zur Anwendung.

Die Schale ist in 17 unabhängigen Abschnitten von je 13 m Länge aufgebaut worden, die durch Dilatationsfugen getrennt sind und in Abschnitten von 1,5 m Höhe betoniert wurden. Die Fugen wurden injiziert; sie sind oberwasserseitig durch Kupferstreifen, unterwasserseitig durch Stahlblech abgeschlossen. Insgesamt waren 48000 m³ Beton erforderlich; die Bauzeit betrug 30 Monate. E.

[1]) Schweizerische Bauzeitung, Jg. 78. H. 11 v. 17. 3. 60, u. „Neue Zürcher Zeitung" v. 31. 3. 60

Thermalwasser in Sibirien

Unter der westsibirischen Tiefebene lagern große Vorräte an Warmwasser, die für die Versorgung der Neulandbetriebe ausgewertet werden sollen. Die geologischen Erkundungen werden jetzt auf tiefere Horizonte mit dem Ziel ausgedehnt, Wasser mit einer Temperatur von 80°C zu erschließen. Dieses soll dann die Grundlage für den Ausbau von Fernheizungsanlagen bilden. E.

Hydrogeologische Arbeiten in der Republik Tschad

Der Ministerrat der Europäischen Wirtschaftgemeinschaft (EWG) hat über den europäischen Entwicklungsfonds ein Programm zum Bau von Brunnen in der Republik Tschad genehmigt. Vorgesehen sind Investitionen von ca. 3. Mill. europäischen Rechnungseinheiten. Die Anlagen der projektierten 185 Brunnen gehen nach Fertigstellung in das Eigentum des Staates über. Die Brunnen sollen in Dörfern, in denen bisher ständige Wasserstellen fehlten, und in Viehweidegebieten, in denen es bisher überhaupt keine Wasserstellen gab, angelegt werden. E.

Sonstiges

Geologie des Meeresuntergrundes

Die Erreichung einer Tiefe von etwa 11000 m am 23. 1. 60 im Marianengraben durch JACQUES PICCARD und DON WALSH zeigt deutlich, daß die Möglichkeit, den Untergrund der Meere durch direkte geologische Erkundungsmethoden zu erforschen, in sichtbare Nähe gerückt ist. Die mit einer Druckkabine ausgestattete Taucherkugel PICCARDs widerstand einem Druck von 1150 atü. Da der äußere Durchmesser der Kugel 218 cm betrug, hielt sie einem Druck von 172000 t stand. Als Material war ein Chrom-Nickel-Molybdän-Stahl verwendet worden, der im Lichtbogenverfahren erschmolzen und im Vakuum gegossen wurde.

Die Untersuchungen des sowjetischen Forschungsschiffes „Witjas" änderten die bisherigen Vorstellungen über die Strömungsgeschwindigkeiten in großen Tiefen. In 3000 m Tiefe wurden noch Strömungen mit einer Geschwindigkeit bis zu 12 cm/sec gemessen. Selbst in die Tiefseegräben gelangt sauerstoffhaltiges Wasser bis zum Grund, so daß infolge der intensiven Vertikalzirkulation des „turbulenten" Ozeanwassers selbst dort noch eine Flora existiert. Bodenuntersuchungen brachten auf ausgedehnten Gebieten vulkanische Asche und vulkanisches Glas zutage. Die Vorstellung von der Morphologie des Meeresbodens hat sich weitgehend geändert. Sein ungewöhnlich stark modelliertes Relief mit submarinen Gebirgsketten ist nicht nur der Schauplatz intensiver vulkanischer Tätigkeit, sondern es birgt auch interessante Erzlagerstätten. E.

Neue marokkanische Lagerstätten

Der Leiter des Staatlichen Erzforschungs- und Erkundungsamtes gab Mitte September 1960 bekannt, daß im Muluya-Tal (Ostmarokko) Blei- und Zinkerze mit einem Vorrat von 5–6 Mill. t, bei Marrakesch neue Kupfererzlagerstätten und bei Khemisset im Mittelatlas ein sehr bedeutendes Kalilager entdeckt worden seien. Am wichtigsten für die Industrialisierung des Landes sei die Feststellung eines Erdgasvorkommens in der Nähe von Essaouira. Dieses soll in dem im Raum von Safi vorgesehenen Chemiekombinat, das nach zwei Jahren fertiggestellt sein wird, verwendet werden. Die Erdölbohrungen in der Provinz Farfaya (Südmarokko, nahe der mauretanischen Grenze) ergaben bisher jedoch nur ermutigende Anzeichen. E.

Polnischer Schwefelbergbau

Die ČSSR leistet der Volksrepublik Polen bei dem Ausbau des Schwefeltagebaus Piaseczno und dem Aufbau des Schwefelverarbeitungskombinats in Machow finanzielle Hilfe und liefert nach „Przeglad Techniczny" (Warschau), Nr. 27/1960, Maschinen und technische Anlagen.

Die hydrogeologischen Bedingungen des Tagebaus sind schwierig. Es treten zwei wasserführende Horizonte auf: Oberflächenwasser in den Sanden des Schwefelflözes und Tiefenwasser in den unter dem Flöz liegenden Sandschichten. Das Tiefenwasser enthält Schwefelwasserstoff und weist einen hohen Salzgehalt auf.

Der Schwefelwasserstoff- und der Salzgehalt nehmen von den westlichen Grenzen Piasecznos an zu, und zwar im Gebiet von Machow von 30 mg/l H_2S auf 400 mg/l H_2S und von 1200 mg/l auf 1300 mg/l Salz. Das in den Wasserreinigungsanlagen von Piaseczno vom Schwefelwasserstoff gereinigte Wasser ist reiner als Weichselwasser.

Das Schwefelerz wird vor der Flotation in den Pochwerken von Machow auf eine Korngröße von 40 mm zerkleinert und auf eine Korngröße von 0,8 mm vermahlen.

Das Phosphordüngerwerk, in dem das von der polnischen Landwirtschaft benötigte Superphosphat hergestellt werden soll, ist bereits im Rohbau fertig. Die Werke für Fluorverbindungen und Phosphorverbindungen werden gegenwärtig projektiert. Diese Werke, die vor allem Kryolith und Flußsäure herstellen, sollen bereits im zweiten Halbjahr 1963 die Gesamtproduktion aufnehmen.

Der Abraum aus der Grube Piaseczno besteht aus Ton, der zur Verarbeitung in keramischen Werken vorgesehen ist. Die Flotationsabfälle liefern Rohstoff für die Zementgewinnung. E.

Gewinnung von norwegischem Nephelin

Auf der Insel Sternoy in Finmark (Norwegen) wurden reiche Nephelinvorkommen festgestellt. Mit der Förderung wurde begonnen. Die erste Jahresproduktion wird 40000 t erreichen. Sie soll in den nächsten Jahren vergrößert werden. E.

Diamantengewinnung

Auf dem Internationalen Diamantenkongreß Ende April 1960 wurden als neueste Gewinnungszahlen bekanntgegeben: 1958 war der Kongo mit 16,7 Mill. Karat der größte Diamantenproduzent, gefolgt von der Südafrikanischen Union (einschließlich Südwestafrika) mit 3,6 Mill. Karat. Es folgten dann Ghana mit 3,2 Mill., Sierra Leone mit 1,5 Mill., Angola mit 1 Mill., Liberia mit 800000 und Tanganjika mit 500000 Karat. Für die Sowjetunion wurde eine Produktion von 650000 Karat genannt. Einschließlich der sowjetischen Produktion stammte nur 1 Mill. Karat nicht von dem afrikanischen Kontinent. Die Diamantenvorräte bei den Verarbeitern gehen von Jahr zu Jahr trotz ständiger Förderungszunahme zurück. Es werden daher von den Diamantengesellschaften größere Anstrengungen unternommen, um neue Diamantenfelder aufzufinden. Für Sucharbeiten werden von den de Beers Consolidated Mines jährlich eine Mill. £ ausgeworfen. E.

Klassierung von Sanden

Nach „Ekonomitscheskaja Gaseta" vom 9. 8. 1960 werden im Automobilwerk „Gorki" nach einer neuen Methode frische und schon gebrauchte Formsande aufbereitet und klassiert. Das feinkörnige Material wird durch ein Korona-Entladungsfeld geleitet, wobei die leichten staubförmigen Teilchen zur Erdelektrode fortgetragen werden, während die schweren Fraktionen nach unten fallen. Die Korona-Klassierung soll auch für Baustoffe, insbesondere für Zemente, sowie für Glassande Verwendung finden. E.

Kurznachrichten

Die gesamte **deutsche Rohölförderung** betrug bisher 42,5 Mill. t, die sicher gewinnbaren Vorräte erreichten Ende 1959 etwa 57,4 und die wahrscheinlichen 17,6 Mill. t.

Die **Erdgasvorräte** in der **Amur-Sungari-Senke**, die zur Zeit von sowjetischen Geologen eingehend erkundet werden, wurden nach den bisherigen Teilergebnissen auf 270 Mrd. m^3 berechnet.

In der Tiefebene des Flusses Konda, unweit der **sibirischen** Stadt Tjumen, fördert eine Erkundungssonde 25—30 tato **Rohöl.**

Der 6-Jahr-Plan der VR **Rumänien** sieht für 1965 eine Förderung von 12,2 Mill. t Rohöl (Steigerung gegenüber 1959 etwa 7%) und 13,5 Mrd. m^3 **Erdgas** (Steigerung gegenüber 1959 um das 2,3fache) vor.

Im syrischen Teil der **VAR** wurde im Gebiet von Suweigia (Provinz Gezira) ein neues **Erdölfeld** in 2850 m Teufe erkundet. Die ergiebigste Sonde hat eine Kapazität von 80, eine zweite eine solche von 27 t Rohöl pro Tag.

Die **ČSSR** wird in **Suez** (Ägypten) eine **Ölraffinerie** mit einer Kapazität von 1 Mill. jato errichten.

Am Ende der im Bau befindlichen 24"-Rohrleitung Hassi R'Mel—Oran wird in **Arzew** eine **Methan-Verflüssigungsanlage** mit einer Kapazität von 1,4 bis 2,8 Mill. m^3/t erbaut werden.

30 km von Adana (**Türkei**) wurde eine **Erkundungssonde** in 1460 m Teufe mit 240 tato fündig.

Die Bohrung Hofra 3 wurde 300 km südwestlich von Bengasi (**Libyen**) in 945 m Teufe mit 270 tato **Rohöl** vom spezifischen Gewicht 0,806 eruptiv fündig.

In **Argentinien** soll eine neue **Gasfernleitung** von 1700 km Länge von der Provinz Santa Cruz (Südargentinien) nach Buenos Aires gebaut werden. Es ist ein täglicher Gastransport von 10—15 Mill. m^3 Methan vorgesehen.

Es wird projektiert, in der Nähe von **Buenos Aires** einen **Untertagegasspeicher** für eine Aufnahme bis zu 80 Mill. m^3 Erdgas zu errichten.

Die Ruhrgas AG beabsichtigt, 15 km südlich von **Darmstadt**, unweit Hähnlein, einen **Untertagegasspeicher** bei ca. 500 m Teufe anzulegen.

1959 wurden aus **Polen** ca. 16 Mill. t **Kohle** und über 2 Mill. t Koks exportiert. Die Steinkohlenförderung erreichte fast 100 Mill. t.

Der Preis ab Zeche für erstklassige **Kesselkohlen** liegt in den **USA** zur Zeit zwischen 2 $ und 4,50 $ je Tonne.

In **Liberia** wird projektiert, 5 Mill. jato **Eisenerz** im Bong-Gebirge zu fördern und über Monrovia nach Europa zu exportieren.

Das im Bau befindliche Hütten- und Stahlwerk Bône (**Algerien**) wird aus 180 km Entfernung jährlich 1 Mill. t **Eisenerz** aus Quenza erhalten (Produktionsbeginn Ende 1962).

Die **Sowjetunion** steht zur Zeit in der **Kupfererzeugung** nach den USA an zweiter Stelle, in der **Nickelerzeugung** an zweiter Stelle hinter Kanada und ist im Begriff, in der **Aluminium**herstellung den ersten Platz einzunehmen.

Die Gewinnung **ungarischen Bauxits** erreichte 1959 etwa 95700 t.

Die **Uranoxyd**gewinnung **Kanadas** lag 1959 bei 15909 sht im Werte von 323,2 Mill. $, das sind etwa 35% der kapitalistischen Weltproduktion.

Mit dem Export von **Phosphat** aus der Lagerstätte Taiba (**Senegal**) wurde im August 1960 begonnen. Die Jahresproduktion soll auf 600000 t Konzentrat gebracht werden.

Bei Arusha im nördlichen Teil **Tanganjikas** ist eine **Phosphatlagerstätte** mit mindestens 10 Mill. t Vorräten erkundet worden.

Herausgeber: Staatliche Geologische Kommission und Zentrale Vorratskommission für mineralische Rohstoffe der Deutschen Demokratischen Republik. Chefredakteur: Prof. Dr. Erich Lange, Berlin. Redaktion: Berlin N 4, Invalidenstraße 44. Verlag: Akademie-Verlag GmbH, Berlin W 8, Leipziger Straße 3–4 (Fernsprecher 220441, Telex 011773, Postscheckkonto: Berlin 35021) Bestellnummer des Heftes 1047/7/1. Die „Zeitschrift für angewandte Geologie" erscheint monatlich. Bezugspreis 2,– DM je Heft. — Satz und Druck: Druckhaus „Maxim Gorki", Altenburg. Veröffentlicht unter der Lizenznummer ZLN 5008 des Ministeriums für Kultur, Hauptverwaltung Verlagswesen. Karten: MdI der DDR Nr. 6010, 6088/K 11.

FSC
www.fsc.org
MIX
Papier | Fördert gute Waldnutzung
FSC® C083411

Zeitfracht Medien GmbH
Ferdinand-Jühlke-Straße 7
99095 Erfurt, Deutschland
produktsicherheit@kolibri360.de